植物博物館

獻給夏洛特和唐諾，謝謝他們培養我對植物的愛 —— 凱蒂·史考特
獻給所有正準備嶄露頭角的植物與真菌學家 —— 凱西·威利斯

植物博物館
Welcome to the Museum: Botanicum

作者·凱蒂·史考特（Katie Scott）、凱西·威利斯（Kathy Willis）∣譯者·周沛郁∣責任編輯·李宓∣行銷企畫·陳詩韻∣總編輯·賴淑玲∣全書設計·黃裴文∣封面設計·陳宛昀∣社長·郭重興∣發行人兼出版總監·曾大福∣出版者·大家 / 遠足文化事業股份有限公司∣發行·遠足文化事業股份有限公司　231　新北市新店區民權路108-2號9樓　電話·(02)2218-1417　傳真·(02)8667-1851∣劃撥帳號·19504465　戶名·遠足文化事業有限公司∣法律顧問·華洋法律事務所　蘇文生律師∣ISBN·978-986-94603-6-1∣定價·900元∣初版五刷·2021年5月∣本書僅代表作者言論，不代表本公司 / 出版集團之立場與意見

First published in the UK in 2016 by Big Picture Press,
an imprint of Bonnier Books UK,
The Plaza, 535 King's Road, London, SW10 0SZ
www.templarco.co.uk/big-picture-press
www.bonnierbooks.co.uk

This book was produced in consultation with plant and fungal experts at the
Royal Botanic Gardens, Kew. With thanks to: Bill Baker, Paul Cannon, Mark Chase,
Martin Cheek, Colin Clubbe, Phil Cribb, Aljos Farjon, Lauren Gardiner, Olwen Grace,
Aurélie Grall, Tony Kirkham, Bente Klitgaard, Carlos Magdalena, Mark Nesbitt,
Rosemary Newton, Lisa Porkny, Martyn Rix, Paula Rudall, Dave Simpson, Rhian Smith,
Wolfgang Stuppy, Anna Trias-Blasi, Jonathan Timberlake, Tim Utteridge,
Maria Vorontsova, Jurriaan de Vos, James Wearn, Paul Wilkin.
With special thanks to Gina Fullerlove, Kew Publishing and Emma Tredwell,
Kew Digital Media.

國家圖書館出版品預行編目 CIP 資料

植物博物館 / 凱西.威利斯(Kathy Willis)撰文 ；凱蒂.史考特(Katie Scott)繪圖 ；周沛郁翻譯. -- 初版.
-- 新北市：大家出版：遠足文化發行, 2017.09
面；　公分
譯自：Botanicum
ISBN 978-986-94603-6-1(精裝)

1.植物 2.通俗作品

370　　　　　　　　　　　　　106006930

植物博物館

繪圖／**凱蒂・史考特**（KATIE SCOTT）

撰文／**凱西・威利斯**（KATHY WILLIS）

翻譯／**周沛郁**

序言

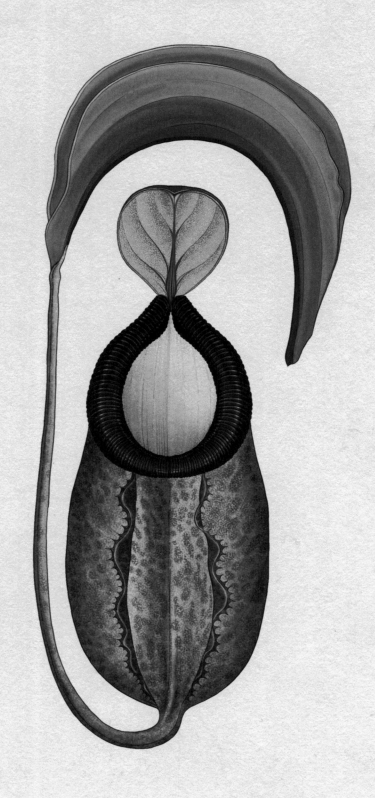

植物無所不在。幾乎生長在地球的所有角落，包含最高的山和最深的谷地、最乾冷的環境和最濕熱的地方。

許多植物住在水裡，遍及海洋、湖泊、河川和沼澤，包括最鹹的海水和湍急、冰冷的淡水河流。最小的植物是極為細小的單細胞微生物，直徑不到千分之一毫米，小到一百個聚在一起才有沙粒那麼大。最高的植物是巨大的樹木，聳立可達八十公尺，和二十層樓的建築物一樣高。

沒有人確切知道世界上有多少種植物，目前科學家統計約有四十二萬五千種，但每天都有新發現。哪些地方最適合植物生長？需要什麼樣的環境才能成長茁壯？這些都有跡可循。比方說，在炎熱潮溼的熱帶，每公頃有超過八十種樹木，而寒冷乾燥的南北極，只有不到八種。了解植物多樣的生長模式，才能保護地球上其他的生命形態（包括人類）。沒有植物，就沒有人類。植物會製造、調節我們呼吸的空氣，提供食物、藥物、製作衣服的纖維和建造家園的材料。植物是怎麼辦到的呢？這一切是怎麼發生的？我們今日在地球上看到的植物生命豐富多樣、多采多姿，又是如何發展出來的？最初的植物是什麼模樣？最早的森林是什麼時候形成的？植物什麼時候開始開花？世界上最大、最小、最古怪、最稀有、最醜、最香的植物各是哪些？和我們一同在這座博物館裡漫步，就會找到答案。

凱西・威利斯（Kathy Willis）教授
英國皇家植物園

1

入口

歡迎來到植物博物館
生命樹

7

一號展示室

最早的植物

藻類；苔蘚植物；真菌與地衣；
石松、木賊與松葉蕨；蕨類植物
環境：石炭紀森林

21

二號展示室

木本植物

針葉樹；世界爺；銀杏；溫帶樹木；
熱帶樹木；果樹；觀賞灌木
環境：雨林

39

三號展示室

棕櫚與蘇鐵

蘇鐵；棕櫚；油棕

47

四號展示室

草本植物

花朵構造；野花；盆花；鱗莖；
可食的植物地下部；藤蔓與攀緣植物
環境：高山植物

63

五號展示室

禾本科植物、香蒲、莎草與燈心草

禾本科植物；作物；香蒲、莎草與燈心草

71

六號展示室

蘭花與鳳梨

蘭花；大慧星風蘭；鳳梨

79

七號展示室

適應環境

多肉植物與仙人掌；水生植物；王蓮；
寄生植物；食肉植物
環境：紅樹林

93

圖書室

索引、延伸閱讀、策展人簡介

入口

歡迎來到

植物博物館

這裡可不是一般的博物館。想像自己能漫步在世界上所有的田野、樹林、熱帶雨林和開滿花的林間空地。想像自己能一口氣看遍最美麗、奇特、古怪的植物。你有沒有想過，如果可以回到過去，回到地球生命的起始，你會看到什麼？在《植物博物館》的書頁裡，你的想像全都能實現。

參觀展示室，了解植物如何比我們早幾百萬年活在這個世界上。看看那些隨歲月改變的植物，和那些保持原貌的植物。漫步展間，挖掘植物不同的生命形態。

看仔細了，書裡的某些植物，可能也出現在你家花園或附近的公園裡。展示室裡甚至有些植物會出現在廚房的食物櫃中。你知道自己常吃禾本科植物嗎？也許天天都吃喔！

你會學到一些神奇的科學知識，像是為什麼有些植物是綠色的，有些不是？為什麼有些植物長在水裡，另一些卻懸掛在半空中，完全沒接觸地面？還有，有些植物會吃肉，又是怎麼回事？植物讓我們見識地球上最大、最小、最古老、最芬芳的生命形態。

進入《植物博物館》，探索神奇奧妙、繽紛而壯麗驚人的植物王國。

生命樹

生命樹這名字取得好。這張圖看起來就像樹木和其他木本植物延展的枝條，簡單明瞭地展示植物如何演化。愈現代的植物，愈靠近生命樹頂部。

看了這張圖，我們就大致能了解植物生命是多麼豐富而多采多姿。藻類是最早的植物，大約三十八億年前出現在地球上。藻類通常很小、構造簡單，沒有葉子和根，許多只能在水生環境存活。大約四億七千萬年前，比較複雜的植物出現了，苔、蘚和角蘚等苔蘚植物逐漸占據陸地。

蕨類靠著細胞壁裡一種叫木質素的物質，成為最早長高的植物。有了木質素，蕨類就能長得比苔蘚植物更高、更直。而且蕨類還發展出管狀構造，用來運送水和礦物質。然而，蕨類和苔蘚植物一樣，仍然靠孢子繁殖。

最早的種子植物是裸子植物，出現在大約三億五千萬年前的化石中，這種植物的種子藏在毬果裡。被子植物一億四千萬年前出現，這些植物的花在受粉之後會產生果實，讓種子在裡面生長。種子在某些地方勝過孢子，例如種子提供比較好的保護，儲存的養分比較多，讓正在萌芽的植物贏在起跑點。

開花植物有兩大分枝：單子葉植物（例如蘭花、棕櫚和禾本科）和真雙子葉植物（例如毛茛、櫟樹和向日葵）。我們所知龐大且迷人多樣的植物生命便由此展開，有些體型極小，有些高聳直立，有些美豔動人，有些形如蜜蜂，還有一些聞起來像腐肉。

旅程將繼續進行。科學家每年（幾乎每天）都會發現新的物種，植物也會為了因應環境變化和新考驗而持續演化。故事才剛剛開始。

一號展示室

最早的植物

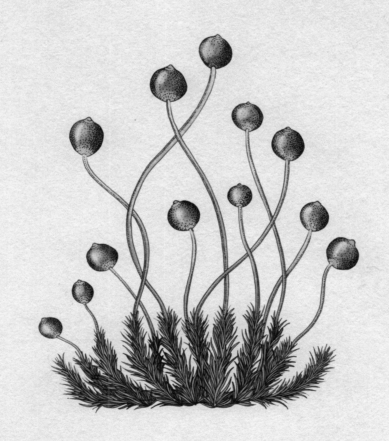

藻類
苔蘚植物
真菌與地衣
石松、木賊與松葉蕨
蕨類植物
環境：石炭紀森林

藻類

地球大約四十六億年前形成。根據化石證據，地球形成後不到八億年，就出現了最早的植物：藻類。藻類有大有小，小至單細胞，大到巨水藻。這些植物之所以歸成同一類，是因為它們有個共同的特徵，就是利用陽光和空氣中的二氧化碳製造食物（這個過程稱為光合作用）。不過藻類沒有根、莖、葉，生殖細胞外面也沒有細胞層保護。

藻類在水中最常見，有些藻類適應了淡水生活，有些則適應了鹹水生活。另外也有一些生活在陸地上難以接近的地方，例如高山的岩石縫隙，或埋在深谷的土壤裡。藻類喜歡長在偏僻的地方，而且通常很小，所以人們難以計算地球上到底有多少不同類型的藻類。估計的結果差距很大，從三萬六千種到一千萬種都有可能。藻類分成十二群，或十二門。其中最豐富、數量最多的是紅藻、綠藻和矽藻。

圖 片 解 說

1: 矽藻
學名：*Amphitetras antediluviana*
寬度：0.125毫米
這是一種海生的微型藻類，通常很細小，大多是單細胞。矽藻非常擅長進行光合作用，是調節大氣中二氧化碳的重要角色。

2: 紅藻的部分化石
學名：*Bangiomorpha pubescens*
長度：0.225毫米
這塊化石發現於加拿大極圈地區的沉積岩，年代可以追溯到大約十二億年前。細胞是典型的盤狀，周圍有一層鞘，現代紅藻也有這種特徵。

3: 綠藻的部分化石
學名：*Cladophora sp.*
（剛毛藻屬）
長度：0.075毫米
在所有能透過化石辨認的綠藻中，剛毛藻是最古老的一屬，和現代同類非常接近。剛毛藻出現在大約八億年前的化石沉積物中，是所有陸生植物的先驅。

4: 海氏舟形藻
學名：*Lyrella hennedyi*
var. *neapolitana*
長度：0.06毫米
這種海洋矽藻的外形像舟，所以叫舟形藻。

5: 雙角縫舟藻
學名：*Rhaphoneis amphiceros*
長度：0.06毫米
雙角縫舟藻時常附著在淺海的沙粒上。

6: 傘藻屬蝶狀藻
學名：*Acetabularia acetabulum*
長度：0.5-10公分
這種綠藻生長在亞熱帶海洋，雖然是單細胞生物，體型卻很大，構造複雜。蝶狀藻的底部類似根，植株可以固定在岩石上。莖柄長，末端呈傘狀。

7: 紅毛菜
學名：*Bangia sp.*（紅毛菜屬）
高度：6公分
這種海藻有紅色的長纖維。化石紀錄中最早的紅毛菜，很接近現代頭髮菜綱的紅藻。

8: 單角盤星藻
學名：*Pediastrum simplex*
寬度：0.06毫米
這種綠藻獨特的細胞排列方式由基因決定，稱為定數群體，形狀像是扁掉的星星。

9: 扇形楔形藻
學名：*Licmophora flabellata*
高度：0.5毫米
這種矽藻出現在淺水中，例如河口，有獨特的扇形和分枝的莖。主莖基部會分泌一種黏稠的物質，以便依附在岩石上。

10: 華麗星紋藻
學名：*Asterolampra decora*
寬度：0.08毫米
圓形、茶碟狀的海洋矽藻，最常見的地方是熱帶水域。

11: 圓微星鼓藻
學名：*Micrasterias rotate*
寬度：0.18毫米
單細胞淡水綠藻，常見於酸性泥炭地，外形通常很對稱。

12: 普通星紋藻
學名：*Asterolampra vulgaris*
寬度：0.08毫米
同樣是星紋藻屬的海洋矽藻（見圖10），可以用花紋區別普通星紋藻和華麗星紋藻。

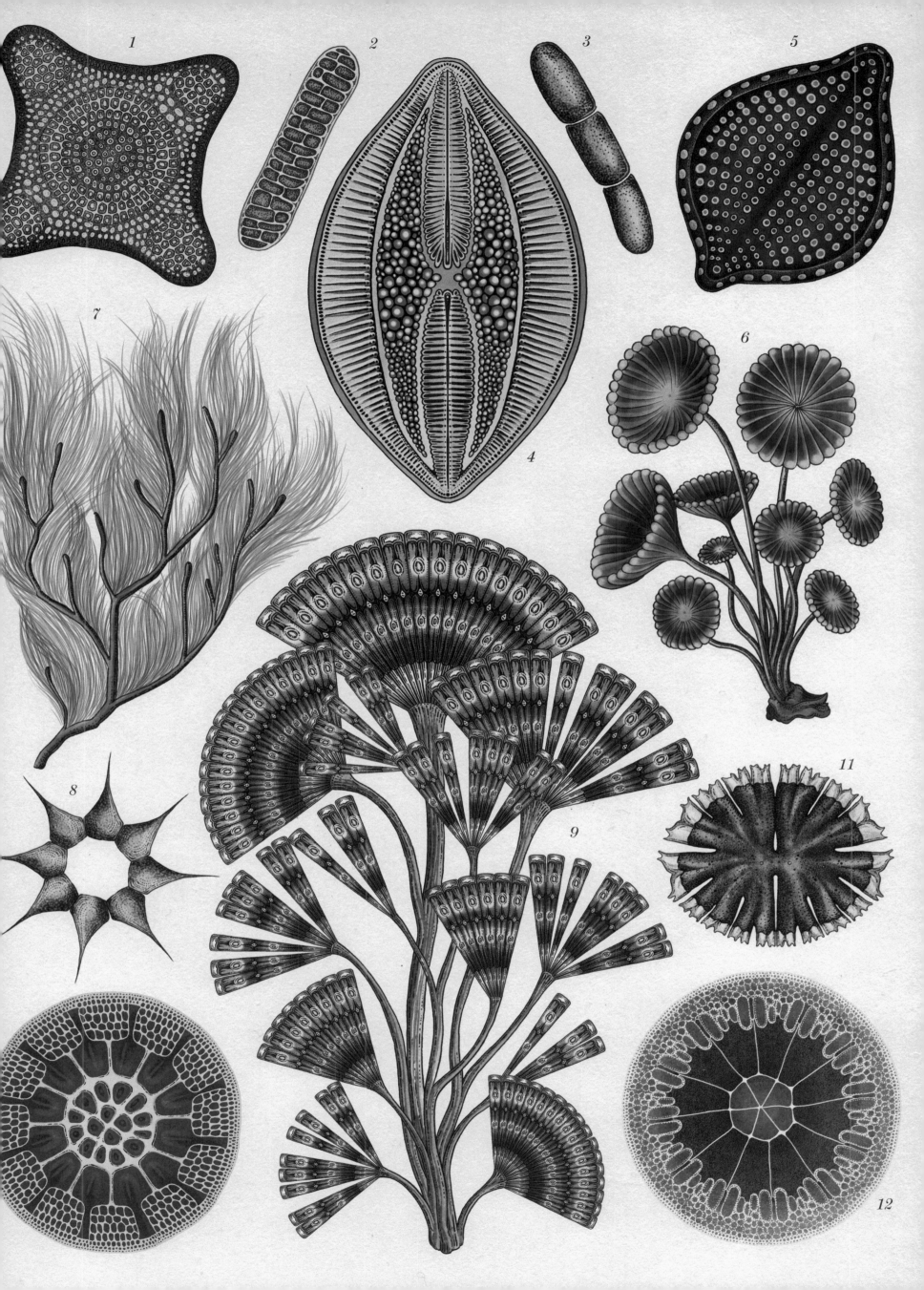

3a 3b 3c 3d 3e

最 早 的 植 物

苔蘚植物

植物大約四億七千萬年前離開水中，住到陸地上。早期的陸生植物從綠藻演化而來，
和現代的蘚、角蘚和苔相似，這些植物通稱為苔蘚植物*。苔蘚植物缺乏後期植物擁
有的維管束（一種堅固的組織），無法直立，摸起來軟軟的，高度不會超過五十公
分。苔蘚植物有根狀的構造（假根），用來吸收土壤裡的養分，還有與眾不同的生殖
循環，兩種不同的生活型會交替出現，一種是葉狀體（營養體），稱為配子體，另一
種是散布孢子的孢子體。葉狀體最常出現在潮溼的環境，這種生活型的植物有雄性和
雌性的器官，有些長在同一株上，有些長在不同株。

　　雌性器官稱為藏卵器，呈瓶狀；雄性器官稱為藏精器，是卵形。雄性器官釋放游
動精子，讓瓶狀雌性器官裡的卵細胞受精。受精的卵子稱為合子，會長成另一種不同
的生活型，也就是孢子體。孢子體會產生孢子，成熟之後會跑進土裡，長成葉狀體（
配子體），再次重複這個過程。

*編注：本書採用之譯法為Hornwort角蘚Liverwort蘚Moss苔

1: **黃角蘚**
學名：*Phaeoceros laevis*
高度：5公分

2: **黃壺苔**
學名：*Splachnum luteum*
高度：孢子體15公分
孢子體有鮮黃色的傘狀結構。孢
子靠昆蟲傳播，而不是靠風。

3: **苔的生殖循環**
a) 雄性藏精器釋放游動精子、b)
雌性藏卵器中含有卵、c) 卵受精
之後，合子開始成長、d) 苔的植
株頂部有成熟的孢子體、e) 釋放

孢子
孢子會長成配子體，並重複這個
循環。

4: **苔蘚**
蒴高：2-4毫米
a) 萬年苔、b) 四齒苔、c) 泥炭
苔、d) 尖葉走燈苔
蒴裡會結孢子，由外部特別的蒴
帽保護。

5: **毛地錢**
學名：*Lunularia cruciata*
寬度：葉狀體（植物體）12毫米

6: **直葉珠苔**
學名：*Bartramia ithyphylla*
高度：莖可達4公分

7: **地錢**
學名：*Marchantia polymorpha*
長度：葉狀體（植物體）4-6公
分、雌性生殖托20-45毫米。

8: **南方花萼蘚**
學名：*Asterella australis*
長度：葉狀體（植物體）4公分

真菌與地衣

多虧有真菌與地衣，植物才能在四億到四億七千萬年前在乾燥的陸地上立足。

　　提醒你一件很重要的事：這本書講的雖然是植物，但真菌並不是植物。真菌不會行光合作用製造食物，沒有根，而且靠孢子繁殖。這裡提到真菌，不只因為真菌過去一向被視為植物，也因為真菌參與了植物生態系的運作。真菌會幫忙分解土壤裡的枯枝落葉和動物殘骸，確保植物有充足的養分可以吸收、生長。真菌也是動物和人類重要的食物來源。比方說酵母菌就是一種真菌，也是麵包和啤酒的重要原料。不過，有些最毒的毒素也存在真菌裡，有時還會引發嚴重疾病。許多真菌含有劇毒，在野外發現時，絕對不能碰也不能吃。

　　地衣也不是植物，而是一種真菌和光合藻類共生的生物體。岩石上的地衣會分泌有機酸，而由於有機酸會分解岩石、產生土壤，因此一般認為地衣對早期陸地環境來說很重要。

　　地衣能在氣候極端的嚴苛環境下生存，對早期陸生生物而言，這是必備的能力。在最高的山頂上，和最熱或最冷的沙漠岩石上都能找到地衣。有些地衣甚至會產生防禦陽光的色素，就像是防曬乳一樣。強烈的陽光促使地衣產生這些色素，好在很少遮蔽或沒有遮蔽的地方生長。

圖 片 解 説

1: 隆紋黑蛋巢菌
學名：*Cyathus striatus*
直徑：1公分
這些細小真菌的孢子藏在盤狀的囊裡，就像巢裡的蛋，而雨滴會讓「蛋」彈出來，散播出去。

2: 紅蓋小皮傘
學名：*Marasmius haematocephalus*
高度：2-3公分
這些傘狀的小型真菌會回收枯枝、落葉，在林地扮演著很重要的角色。

3: 喇叭粉石蕊
學名：*Cladonia chlorophaea*
高度：1-4公分
這些地衣的莖呈杯狀，裡面有產孢的構造。歐洲民間傳說認為小妖精或木精靈會用這些小杯子喝露水。

4: 優雅波邊革菌
學名：*Cymatoderma elegans*

高度：15公分
這種真菌的蕈傘會展開成寬大的漏斗，有時會積水。

5: 竹笙
學名：*Phallus indusiatus*
高度：25公分
好幾百年以來，這種獨特的真菌是民間傳說中的護身符，也是傳統藥物。

6: 金針菇
學名：*Flammulina velutipes*
　　　　（栽培型）
高度：10公分
東亞常見的食材，在富含二氧化碳的環境裡栽培，產生又長又細的菇柄。

7: 雲芝
學名：*Trametes versicolor*
直徑：4-10公分
雲芝呈放射狀生長。

8: 石黃衣
學名：*Xanthoria parietina*
直徑：可達10公分
這種地衣在陽光充足的地方會產生防禦陽光的色素，當作防曬劑，因此呈現鮮黃色，在陰影處則是暗綠色。

9: 毒蠅傘
學名：*Amanita muscaria*
直徑：8-20公分
童話故事中常出現這種毒蕈。其中的有毒物質會讓人產生幻覺。

10: 黃柄蠟傘
學名：*Hygrocybe lanecovensis*
高度：可達5公分
這種瀕臨絕種的真菌，在一九九八年首度在澳洲雪梨的一片公園綠地被人發現。

石松、木賊與松葉蕨

我們用來稱呼植物的俗名，有時候不能準確說明植物的科學屬性。例如石松的英文雖然是Club moss，但卻不是moss（苔），而是維管束植物。維管束是一套發展完善的專門細胞系統。有了維管束，植物就能直立生長，高度遠遠超過缺乏維管束的苔蘚植物（見10-11頁）。除了石松，木賊和松葉蕨也有維管束。

這三類植物透過孢子繁殖，有古老的親緣關係，常被稱為「活化石」，因為這些植物出現在三億七千萬到四億年前的化石中，而且結構和我們今日看到的石松、木賊和松葉蕨非常相近，只有一個重要的差別：這些植物在現代是小型草本，高度通常不到一公尺。相較之下，它們的祖先是龐然大物，木賊和鱗木（石松的親戚）高達四十公尺，稱霸石炭紀早期的風景（見18-19頁）。只不過，這些巨大樹形的命運與地球上大部分的物種相同：絕種，他們輸給了更適應環境的競爭對手，只有小型植物存活下來。

圖 片 解 說

1: 石松
學名：*Selaginella lepidophylla*
　　　（鱗葉卷柏）
高度：10公分
鱗葉卷柏的莖上滿滿包覆著鱗狀的小葉子。

2: 扁枝松葉蕨
學名：*Psilotum complanatum*
高度：可達75公分
熱帶地區常常可以看到這種松葉蕨掛在樹幹上。松葉蕨沒有根和葉，但莖上有小鱗。

3: 木賊
學名：*Equisetum hyemale*
毬果狀孢子囊穗高度：1公分
孢子囊穗

木賊的孢子來自莖頂的孢子囊，這些孢子囊在多邊形的結構邊緣生成，聚合在一起就像是毬果。

4: 問荊
學名：*Equisetum arvense*
直徑：3-5毫米
莖的橫切面
從這個木賊幼株的莖部剖面可以看出維管束（圓形繞成一圈的部分）。維管束縱貫整株植物。這些木質的管束將水和養分往上輸送到植株各處。

5: 問荊
學名：*Equisetum arvense*
高度：20-50公分
問荊的營養莖有輪生的分枝，看

起來像羽毛。實際葉子很小，像紙一樣薄，結合成莖上的鞘。在比較大的綠色營養莖長出來之前，會先長出淡色的可育莖，含有孢子的毬果狀孢子囊穗就長在這上面。問荊生長在潮溼多水的地方。

6: 石松的孢子葉
學名：*Lycopodium clavatum*
孢子葉長度：2-2.5毫米
孢子葉是容納孢子囊（產生孢子的地方）的細小葉子。

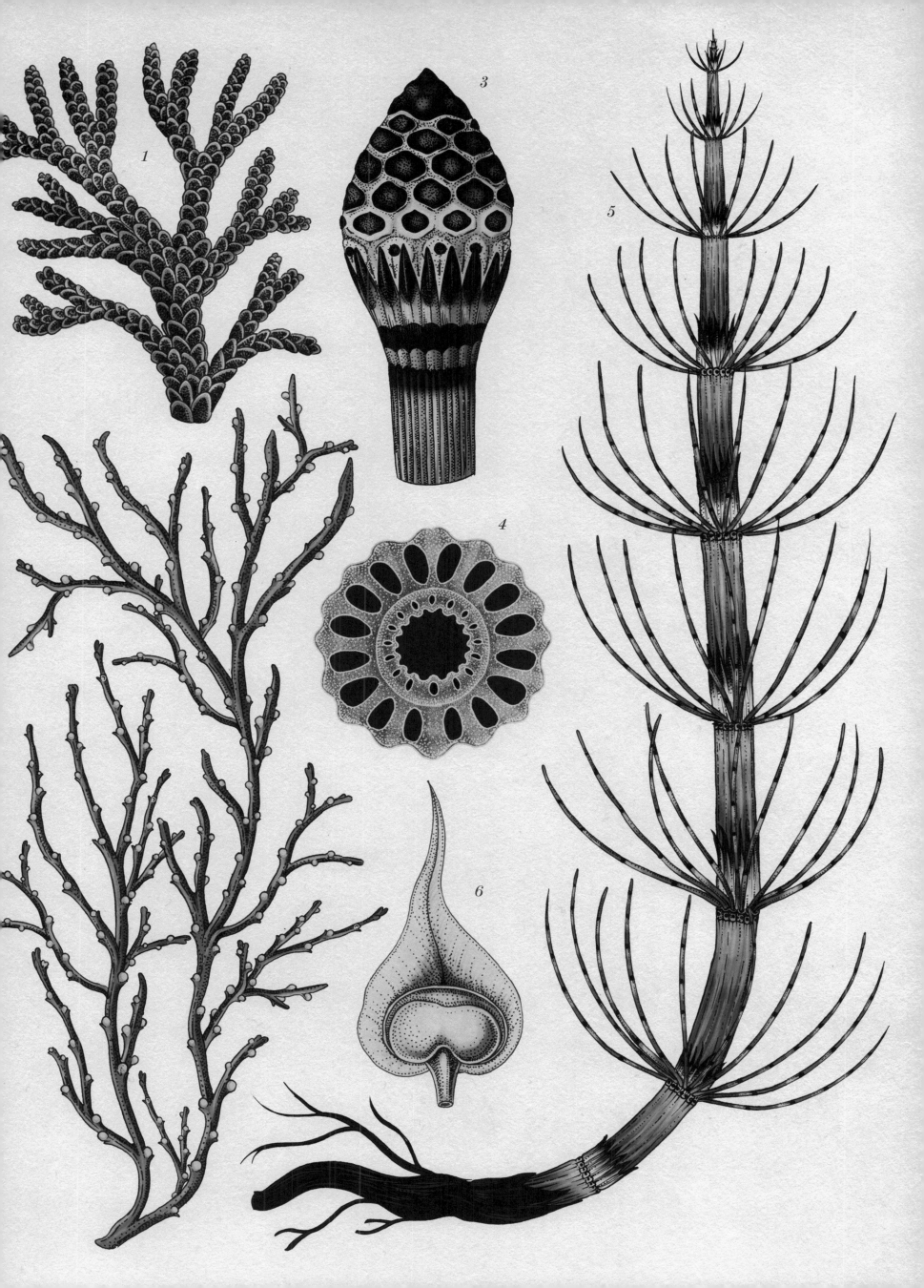

蕨類植物

蕨類生長在各式各樣的環境中。大部分喜歡陰暗潮溼的地方,但也有些蕨類生長在炎熱乾燥的沙漠中、水底,或是漂在池塘或河上。蕨類有許多不同的形態,有些是直立的,根深入土中;有些是附生的(長在其他植物上,通常是樹上),附生蕨類的「根」在空氣中隨風飄動,靠雨水和空氣中的碎屑得到水分和養分。也有一些蕨類會長成爬藤。所有蕨類都是草本,沒有次生木質部(樹幹中央的木質)。不過還是有些蕨類能長得跟樹木一樣高。這種蕨類的莖核心充滿髓,周圍是一條條維管組織。這些組織形成堅硬的柱狀,或「樹幹」,把水、糖分和養分輸送到植物各處。這些樹狀蕨類可以長到十公尺,稱霸三億五千萬年前的石炭紀森林(見18-19頁),而且在現代依然存在。

　　蕨類的另一個特色是生殖循環,同一株植物有兩種生活型,隨世代交替。成熟的孢子從葉子下方彈出,長成小株的植物,稱為配子體(苔蘚植物的繁殖也有這個過程,見10-11頁),看起來跟它們的蕨類父母一點也不像。配子體通常細小、扁平,呈綠色的鱗狀,長度僅僅幾公分,很不起眼。植株成熟後,會產生雄性和雌性的器官,這些器官會產生後代,稱為孢子體。孢子體的模樣跟它們的祖父母一樣,也就是我們心中典型蕨類的樣子。這種形態的蕨類會在葉子下方產生孢子,繼續生殖循環。

圖 片 解 說

1: 細葉複葉耳蕨
學名:*Arachniodes aristata*
羽狀小葉長度:1.5公分
羽狀小葉下方有盤狀結構(孢子囊堆),裡面會產生孢子。孢子囊堆外面罩著一層白色的保護膜,也就是孢膜。

2: 鹿角蕨
學名:*Platycerium superbum*
蕨葉長度:可達2公尺
這種蕨類會產生兩種葉狀體,一種比較圓、厚,用來保護根部、收集碎屑,替附生植物製造土壤。另一種是蕨葉,看起來像鹿角,會結孢子。

3: 鐵線蕨
學名:*Adiantum capillus-veneris*
高度:可達30公分
莖與蕨葉
鐵線蕨可以掛在垂直的表面上生長,或在水平表面上直立生長。

4: 多疣水龍骨
學名:*Polypodium verrucosum*
蕨葉長:可達1公尺
蕨葉
這種蕨葉的上表面有一排排整齊的凸起物,裡頭藏有孢子。

5: 銀蕨
學名:*Cyathea dealbata*
高度:可達10公尺
展開的蕨葉
這是熱帶與亞熱帶地區的大型樹蕨,有獨特的銀色葉背。幾乎所有蕨類的蕨葉在展開之前,都會緊緊捲成螺旋狀,這就是蕨類的「牧杖」。

6: 烏毛蕨
學名:*Blechnum spicant*
可育葉長度:可達70公分

烏毛蕨有兩種蕨葉,不孕的常綠蕨葉,還有季節性的可育蕨葉,通常聚生在植株中央。

7: 孢子囊
直徑:小於1毫米
所有蕨類都有這種「孢子容器」。孢子囊會群聚成孢子囊群,產生大量孢子。孢子囊起初顏色很淡,之後隨著孢子慢慢成熟而加深。孢子發育完成後,如果外部環境適宜,孢子囊就會裂開,釋出孢子。

8: 結了孢子囊的葉部剖面
剖面直徑:3毫米
孢子囊(產生孢子的地方)從葉脈附近的生殖托長出,呈放射狀。圖片的葉脈顏色比實際深。

環境:
石炭紀森林

二億九千九百萬到三億八千九百萬年前,小型草本陸生植物開始轉變成四、五十公尺高的巨木,前後耗費大約九千萬年。當時恰好是石炭紀,到了晚期,濃密的森林覆蓋地球,樹幹粗壯,直徑長達一公尺。許多樹木看起來像是原先草本時期的放大版,例如高大的鱗木(石松的親戚)、巨大的木賊和像巨人一樣的樹蕨。這些植物都沒有花,許多還依靠孢子繁殖。但這些早期的森林裡也出現了最早用種子繁殖的樹木,這些植物的種子長在簡單的毬果裡,類似今日針葉樹的毬果。

如果你有三億五千萬年前的世界地圖,你會發現這張地圖和現況非常不同。各洲板塊都在不同的地方:南非和南美在南極,歐洲、中國和澳洲的板塊則在赤道。森林反映生長地的氣候,例如溫暖、潮溼的熱帶地區,就長滿了沼澤森林,鱗木和種子蕨遍布。這些植物喜愛悶熱潮溼的環境和死水塘,樹木死亡後就倒下,吸飽水,最後沉入水裡。經過數百萬年,這些樹被壓擠得非常密實,石化成煤。離開熱帶地區,比較乾燥的森林大多由巨大的木賊和早期種子蕨與鱗木占據,這裡的鱗木遠比它們的熱帶親戚矮小,科學家認為這是為了要抗旱。

圖 片 解 說

1: 吉波亞樹
學名:*Pseudosprochnus*
高度:8公尺
吉波亞樹是已知最早的化石樹木,生長在三億五千萬年前,發現於紐約的化石沉積物中。樹幹頂端有一圈沒葉子的枝條。這種植物很可能是用樹幹進行光合作用。有些枝條末端有孢子囊,裡面有孢子。吉波亞樹有長長的根固定,所以才能長到那麼高。

2: 科達木
高度:可達30公尺
科達木占據各式各樣的棲地,包括紅樹林和較乾燥的高地。最重要的特徵是用種子繁殖,而且毬果構造與現代針葉樹毬果類似。

3: 鱗木
高度:可達35公尺
這種樹的樹幹頂部多次分枝,簡單的葉子直接從莖上長出來(也就是沒有葉柄),形成濃密的樹冠。這種附著方式的葉子掉落後,在樹幹上留下三角形的紋路,整棵樹變得非常漂亮。

4: 樹蕨
學名:*Psaronius*(輝木)
高度:可達10公尺
樹蕨生長在石炭紀的沼澤裡,所以常常可以在煤炭沉積中發現這種樹的化石遺骸。輝木是那時期最大的一種樹蕨。葉片是大型複葉,類似蕨類的葉子。

5: 種子蕨
學名:*Medullosa noei*
(諾氏髓木)
高度:可達10公尺
這種樹木的葉子跟蕨葉很像,螺旋生長在莖上。不過種子蕨用種子繁殖,外觀類似現代蘇鐵的種子,表示它們的演化關係親近。

6: 古蕨
高度:9公尺
這是石炭紀和泥盆紀(石炭紀之前的時代)的主要樹木,由於具有類似針葉樹的木質莖,因此可能是所有種子植物的祖先。不過這種植物還是用孢子繁殖。

二號展示室

木本植物

針葉樹

世界爺

銀杏

溫帶樹木

熱帶樹木

果樹

觀賞灌木

環境：雨林

針葉樹

針葉樹能在世上最寒冷、嚴苛的環境生存，大約占據全球森林的百分之三十。大部分的針葉樹很好辨認，葉形簡單，通常是針狀，還有顯眼的毬果。許多針葉樹是常綠樹木，冬天不會落葉。比較不明顯的特徵有：針葉樹不會開花，代替產生種子的器官是毬果，構造比較簡單。

所有針葉樹都有雌、雄兩種毬果。有些樹種的雌、雄毬果長在同一棵樹上，有些則分成公樹和母樹。雄毬果通常比較小，會產生大量黃色花粉。雌毬果有相互咬合的木質果鱗。雄毬果的花粉讓雌毬果受精之後，雌毬果就會開始成長，有些可以長到非常巨大（例如南洋杉屬的毬果就跟足球一樣大）。整個過程需要幾個月到一年左右，在這期間，雌毬果維持綠色，用有黏液的樹脂讓毬果緊緊閉合。成熟之後，才會變成褐色，展開果鱗，掉出種子，靠風或動物傳播。

針葉樹靠幾種不同的外部刺激決定釋出成熟種子的時機，有時靠溫度（或火）判斷，溫度讓針葉樹知道地面已經清理過了，有空間讓種子生長。

圖 片 解 說

1: 金錢松
學名：*Pseudolarix amabilis*
高度：40-50公尺
毬果與枝條
這種落葉針葉樹的針葉會在天氣寒冷乾燥的時候脫落。雌雄生殖器官長在同一棵樹上，雄花粉柄長度大約一到二公分，雌毬果大約四到七公分。

2: 落羽松
學名：*Taxodium distichum*
高度：40-45公尺
雌毬果
這種樹木是美國東南部泛濫平原和沼澤的優勢樹種。

3: 日本扁柏
學名：*Chamaecyparis obtusa*
高度：40-50公尺
雌毬果
這種樹的毬果比較小，有八枚鱗片。原產於日本，好幾個世紀以來，人們用這種樹的木材來建造傳統建築。

4: 朝鮮冷杉
學名：*Abies koreana*
高度：10-18公尺
雌毬果和葉
這種樹原生於韓國山地，針狀葉呈深綠色，毬果是藍色或紫色。

5: 歐洲赤松
學名：*Pinus sylvestris*
花粉直徑：0.06毫米
a) 花粉粒、b) 雄毬果
針葉樹的花粉通常有獨特的氣囊，藉由風傳遞，因此會在森林上方產生一大團黃色的「雲」。這種傳播方式讓花粉能靠著風或水長途旅行。這種松樹的花粉曾經出現在北極的冰裡，而最近的樹木在幾千公里外。

6: 雲霧羅漢松
學名：*Podocarpus nubigenus*
高度：35公尺
葉與種子
這種樹長在智利南部的溫帶雨林。一次只產生一顆種子，為了吸引鳥類替它播種，這種樹的種托會膨脹、變得多汁，外觀和味道就像是水果。

7: 銀冷杉
學名：*Abies alba*
高度：60公尺
a) 種鱗、b) 苞片

8: 智利南洋杉
學名：*Araucaria araucana*
高度：50公尺
帶葉的枝與雄毬果
智利南洋杉原生於阿根廷西南部和智利中南部。

9: 黎巴嫩雪松（香柏）
學名：*Cedrus libani*
高度：可達40公尺
雌毬果
這種雪松的名字取自它的發現地：黎巴嫩山，黎巴嫩的國旗上也有這種植物。不過土耳其南部的托魯斯山脈才是黎巴嫩雪松最多的地方。這種雪松會結八到十二公分長的大型毬果。

10: 火炬松（德達松）
學名：*Pinus taeda*
高度：25-33公尺
雌毬果，樹枝和葉
這是美國南部最重要，也最廣泛種植的木材樹種。

世界爺

世界爺，或稱巨杉，打破各種紀錄，是地球上最高的樹，有些超過八十公尺高。樹幹直徑可達十一公尺，要十六個成人手牽手才能繞樹一圈。世界爺的壽命很長，有些活了超過兩千年。從化石紀錄可以看出，世界爺在地球的歷史悠久，足足有一億年。這些參天巨木是名副其實的「活化石」。

世界爺是針葉樹，和其他針葉樹一樣靠毬果繁殖，雌雄毬果長在同一棵樹上。世界爺的毬果不大（和樹的大小相比特別是這樣），長度大約五到七公分，結在枝條末端。世界爺非常適應周遭環境，它們的樹皮很厚（五十到六十公分），枝葉離地很高，不會受火災危害。

世界爺驚人的高度有賴適宜的生理條件。這種植物的根向四面八方發散，可以延伸到三十公尺外的地方，與其他樹的根交纏，好固定巨大的樹幹，不過不會太深入地下。這種樹年輕時的生長速度很可觀，義大利有棵小樹在十七年內長了二十二公尺。

24

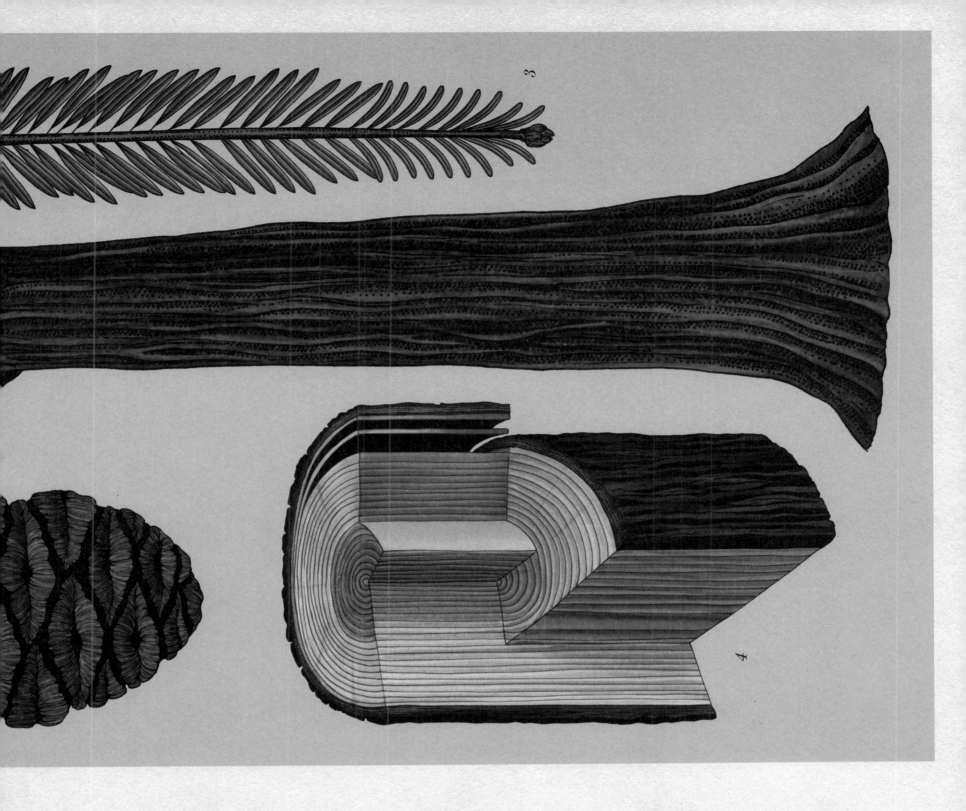

圖 片 解 說

世界爺
學名：*Sequoiadendron giganteum*
高度：可達80公尺

1: 植株
這種樹原產於美國加州，也出現
在內華達山西坡，那裡有七十五
座世界爺小樹林。

2: 雌毬果
長度：5-7公分
世界爺的毬果長在高處，不易觀

察或計算，每棵樹每年大約會結
一萬一千個毬果。

3: 葉
世界爺的葉子不只能進行光合作
用，也是保存水分的重要角色。
世界爺的樹葉只長在上層能夠吸
收、保存溼氣的地方，樹幹下半
部則完全不長葉子。樹葉表面像
海綿一樣吸收水分，儲存起來，
供樹木最上端使用。

4: 木材與樹皮
意想不到的是，世界爺的木材和
樹皮又輕又軟，很有彈性，這樣
才比較不容易因為強風或自身重
量倒塌。世界爺巨大的樹體裡每
天都有幾百公升的水分流動，樹
幹因此不斷膨脹、收縮。

銀杏

銀杏是美麗的樹木，波浪般的葉片十分優雅。銀杏妝點世界各地的公園和街道，不只因為美觀，也因為銀杏能抵禦極端天氣和城市汙染。野生銀杏則產於中國部分地區。

不論野生或人為栽培，我們今日看到的銀杏都是同一個樹種：*Ginkgo biloba*，這種樹位在演化路線的末端。大約兩億五千萬年前，世界各地有許多不同種的銀杏，但時至今日，除了*Ginkgo biloba*，其他銀杏都絕跡了。銀杏的外觀在這兩億五千萬年之間沒有多大的改變，現代銀杏的葉形和化石樣本幾乎一模一樣，因此銀杏也常被稱為「活化石」。

銀杏的葉子呈扇形，其實不只葉子是扇形，葉背平行脈的紋理也是扇形。銀杏是落葉樹，天氣變冷的時候葉子會脫落。樹高三十到四十公尺，和針葉樹一樣是裸子植物，演化順序先於開花植物，意思是銀杏的莖上沒有花，只有雄性和雌性的生殖構造，分處不同植株。母樹的柄（或稱梗）從葉軸基部長出來，上頭有胚珠或種子，而一個柄上只會有一顆種子。

圖 片 解 說

銀杏
學名：*Ginkgo biloba*
高度：40公尺

1: 母樹的葉與分枝上的胚珠
銀杏原產於中國，壽命極長，最高紀錄活了大約三千五百歲。長得像李子的果實其實是裸露的種子，看起來可口，卻散發嘔吐物般的惡臭，可能是為了吸引吃腐肉的恐龍幫忙散播。

2: 公樹的葇荑花序
公樹有葇荑花序，成對生長在葉軸基部，長出獨特的花粉粒，靠風幫忙傳播。

1

2

溫帶樹木

溫帶樹木生長在極地和熱帶之間的中緯度地區，夏天溫暖潮溼，冬天寒冷乾燥。這裡的樹必須忍受不同氣候和瞬息萬變的天氣形態。

溫帶地區最顯著的季節性變化是日照時數。秋冬陽光比較少，樹木進行光合作用的機會也比較少。許多溫帶樹木會掉葉子應對，這種樹稱為落葉樹，而這個過程就叫做落葉。樹木掉葉子還有另外一個原因，那就是乾燥。植物體內的水大部分從葉子散失，因此當環境異常乾燥時，樹木也會落葉以減少水分流失。落葉讓秋天的溫帶樹林色彩繽紛。不再進行光合作用的葉子會失去葉綠素，也就是用來進行光合作用的綠色色素，葉片裡其他的顏色因此顯露出來。美國新英格蘭地區、日本北海道和世界各地廣闊的溫帶森林就會染上紅、褐、金等各種美麗的顏色。

落葉還有另一個好處。大部分溫帶樹木的葉片都又大又平（和針葉樹的針狀葉非常不同），靠一小段柄（葉柄）連接枝幹。陽光燦爛的時候，這種葉片吸收能量的效率很高，但下雪時，葉片上容易積雪，樹枝會變得沉重易斷。

溫帶樹木落葉時，葉柄和枝條之間會長出一層細胞，隔開兩者，使葉子掉到地上，這個過程由生長素這種植物荷爾蒙控制。絕大部分的溫帶樹木（包括本頁所有樹木）都是比較晚期才演化出來的被子植物（開花植物），出現的時間大約在八千萬到一億五千萬年前，比針葉樹晚了將近一億五千萬年。

圖 片 解 說

1: 大楓樹
學名：*Acer pseudoplatanus*
高度：可達35公尺
a) 芽、b) 種子
原生於中歐，蘇格蘭可能也有一些，其他地區都是引入的。

2: 白桑
學名：*Morus alba*
高度：超過20公尺
a) 葉、b) 果實
白桑原生於中國，是蠶的主食。

3: 英國櫟
學名：*Quercus robur*
高度：36公尺
a) 葉、b) 櫟實
這種樹幾乎遍及全歐洲。

4: 英國榆
學名：*Ulmus procera*
高度：36公尺
a) 種子、b) 花

5: 歐洲水青岡（歐洲山毛櫸）
學名：*Fagus sylvatica*
高度：40公尺
a) 種莢、b) 葉

6: 歐洲栗
學名：*Castanea sativa*
高度：35公尺
a) 葉、b) 種子

7: 猩紅櫟
學名：*Quercus coccinea*
高度：21公尺
a) 葉、b) 櫟實

8: 垂枝樺
學名：*Betula pendula*
高度：30公尺
a) 雄葇荑花序、b) 雌葇荑花序的苞鱗、c) 雌花、d) 雄花

9: 大葉楓
學名：*Acer macrophyllum*
高度：15-30公尺
葉

10: 日本楓
學名：*Acer palmatum*
高度：8公尺
葉

熱帶樹木

熱帶在赤道南北兩側，氣候獨特。平均溫度在攝氏二十到二十五度之間，日照時數全年相同。有些地區雨量很多，非常潮溼。熱帶森林的日照長度和溫度變化不大，所以許多樹種沒有明顯的年輪，這和溫帶地區的樹木不同（見世界爺，25頁）。熱帶樹木的樹皮薄（厚度通常不到十毫米）而平滑，顏色比較淡。

不同地區的熱帶樹木樹形和大小差異很大，這和生長地的溫度和雨量有關。最溼的地區（例如亞馬遜雨林）樹木高大（常常高達三十公尺，甚至更高），是常綠樹（因為全年都可以有效率地進行光合作用），幾乎沒有抗寒或抗旱的機制（因為沒有必要）。

最高的熱帶樹木需要牢靠的固定才能直立生長，因此演化出特殊的地上根系，稱為「板根」，從主幹向外延伸，時常留下人類可以穿過的大缺口。有些樹有比較薄的「支柱根」，從樹幹較高的地方萌發，就像在踩高蹺。熱帶最溼的地區，有許多樹的葉子長了「滴水尖」，讓水迅速流下。葉片橢圓，通常又厚又大（可達十三公分長）。

在比較乾燥的地方（例如南美卡廷加的多刺茂密灌叢），一年有幾個月的乾季，這裡的樹很少長超過十公尺，通常是落葉木，在乾季落葉。這些樹木為了適應間歇的乾旱，根長得很深。

圖 片 解 說

1: 砲彈樹
學名：*Couroupita guianensis*
高度：23公尺
莖上的花與芽
砲彈樹原生於南美蓋亞那，蠟質花朵結構複雜，氣味芬芳，直接長在樹幹上。果實看起來像生鏽的砲彈。

2: 巴西橡膠樹
學名：*Hevea brasiliensis*
高度：可達40公尺
a) 葉、b) 種莢
原生於巴西（亞馬遜流域部分地區和馬托格羅索州）與南美洲東北部的蓋亞那。橡膠樹的乳狀汁液是天然橡膠的原料。每顆果實都有三粒種子。

3: 西非荔枝果（阿開木）
學名：*Blighia sapida*
高度：可達30公尺
a) 果實剖面、b) 莖上果實和葉片
原生於西非，卻常見於牙買加，是牙買加傳統菜餚「阿開木煮鹹魚」的食材。果實鮮豔，裡頭有三粒黑色的大種子，每粒都有乳黃色的附屬體（假種皮）。這種植物的果實有毒，只有假種皮可以吃，口感類似炒蛋。不過只有果實自己打開的時候（也就是完全成熟）才能吃。如果還沒成熟就吃，會得「牙買加嘔吐病」。

4: 孟加拉榕
學名：*Ficus benghalensis*
高度：可達30公尺
莖上的葉片
孟加拉榕原生於印度和巴基斯坦，是一種絞殺榕，一開始長在其他樹上，最後完全包住那棵樹。枝條會垂下氣生根，長成樹幹。葉片是革質，長二十至四十公分，果實（無花果）直徑一至二公分。

1

2b

2a

3a

4

3b

果樹

人類一向愛吃水果，考古學家在非洲的人類聚落發現五千年前的油棕果仁（見44-45頁），以及四千五百年前的香蕉遺跡。在英國，許多青銅器時代的遺址中出現了四千年前的櫻桃果核。這段漫長的歷史顯示水果確實是食物來源，大部分從樹上摘下來就可以吃。

但為什麼這對植物很重要？為什麼植物會產生果實？為什麼植物要讓這些美味的小東西掛在枝條上，然後掉落？答案是為了繁殖。所有果實中都有植物的種子，有些包在果實的多肉部位裡，例如蘋果和梨。有些附著在果實外側，像一般軟皮水果，例如黑莓和草莓。另外一些軟皮水果，像是櫻桃和桃子，則有一粒比較大的種子，那就是果核。有些植物的果肉和種子包在結實的果皮下，例如柑橘科、鳳梨和香蕉，這種植物通常來自熱帶，因為裸露的果肉在熱帶會乾掉。

水果的果肉味美，而且營養豐富，這在演化上有很好的理由。許多植物靠著動物和鳥類傳播種子。把種子包在多汁的果實裡，肚子餓的動物經過時，就會把這些果實和種子吃下肚。種子會通過動物的消化系統，在全新的環境排放出來，而且還順便施了肥。

果實不只是水果盤或水果沙拉裡的東西，咖啡和可可也是果實，其中可可是巧克力的原料。這些美味的食物不只給人類營養，讓人社交消遣，也衍生出一段征服和貿易的歷史。

圖 片 解 說

1: 可可樹
學名：*Theobroma cacao*
高度：8公尺
a) 果實剖面、b) 花
可可的果實是厚壁的果莢，果莢裡有許多大粒種子，包在甜甜的果肉裡。種子發酵、乾燥之後磨成的粉就是可可粉，可以用來製作巧克力。兩千多年前，中美洲的人發現這種樹的果實可以吃。

2: 咖啡
學名：*Coffea arabica*
高度：8公尺
a) 果實剖面、b) 花、c) 葉與果實
咖啡是非常受歡迎的飲料，也是很重要的商業作物。它是全世界第二有價值的商品。一般認為阿拉比卡咖啡生產最優質的咖啡豆。咖啡原生於東北非的熱帶地區，東非可能也有一些。咖啡植株上紅色的小核果（有果肉的果實，內含堅硬的種子）包含兩粒「豆子」（含有種子的果核）。

3: 腰果
學名：*Anacardium occidentale*
高度：14公尺
葉與果實
這種熱帶常綠樹來自巴西東北部。腰果的果實是梨形，頂部有堅硬的腎形構造。梨形的果肉稱為「果梨」，其實是膨大的果托。堅硬的腎形部分含有種子，我們稱為「腰果」。

4: 香蕉
學名：*Musa acuminata*（尖蕉）
高度：15公尺
花
尖蕉是栽培種香蕉的野生祖先，經過數千年的馴化，產出美味可食的果實。遍布超市貨架的黃色品種是華蕉，只占全球產量的一小部分。

5: 桃樹
學名：*Prunus persica*
高度：可達10公尺
剖開的果實和葉
桃子是核果。每顆桃子都有一個果核，裡面有一粒種子。

6: 榴槤
學名：*Durio zibethinus*
高度：可達30公尺
剖開的果實和花
榴槤樹的果實巨大、沉重且帶刺，可食的假種皮（種子的附屬物）包覆幾顆大粒的種子。完全成熟的假種皮很美味，質地就像濃厚的卡士達醬。雖然大部分歐洲人覺得榴槤很難聞，但榴槤在亞洲卻是「水果之王」。

1a   1b   2a   2b

2c

4

3

5

6

觀賞灌木

十七世紀的歐洲興起了一門生意，人們到世界各地蒐集美麗的植物，在私人或公共花園裡展示。有錢人爭相聘請專業植物獵人，讓他們到各地搜刮，尋找前所未見的植物。為了展示收藏，歐洲貴族的暖房和溫室愈建愈精緻，裡頭應有盡有，包含精巧的蘭花（見72-75頁）和巨大的蓮花（見84-85頁）。除此之外，花園植物的貿易也很繁榮。一六三〇年代，荷蘭熱門的「總督鬱金香」價格高漲，造成史上第一次金融市場崩壞。有些植物採集區的原生物種被植物獵人搜刮一空，瀕臨絕種。

　　觀賞樹木和灌木只能在戶外生長，因此歐洲植物獵人的主要目標是那些能夠抵禦北方溼冷冬季的植物。現代歐洲有不少常見的景觀灌木，其實來自其他溫度相近的地區，其中大部分來自中國喜馬拉雅山區，也有很多來自中美和北美東部。

―――――― 圖 片 解 説 ――――――

1: 吊鐘花
學名：*Fuchsia triphylla*
高度：30公分-1公尺
葉與花
這種小型灌木原生於海地和多明尼加共和國。在全世界的花園裡，你可以看到的吊鐘花總共有一百一十種。這種花非常迷人，花期從早春到晚秋。

2: 洋玉蘭
學名：*Magnolia grandiflora*
高度：可達25公尺
花朵縱剖面

這種大型的常綠木蘭屬樹木原生於美國東南部。芬芳的大白花直徑可達三十公分。這種樹的木材堅硬，常用來做家具。

3: 帝王花
學名：*Protea cynaroides*
高度：可達2公尺
花
這種常綠灌木的分枝不多，葉片是革質。花序呈碗狀，直徑十五到三十公分，覆滿紅色、粉紅色或乳白色的三角形苞片（不是花瓣，而是特化葉）。這個「碗狀」構造裡有許多長形的花聚生在中央。帝王花是南非國花，分布在南非的溫帶地區。

4: 蘇郎辛夷（二喬木蘭）
學名：*Magnolia × soulangeana*
高度：可達6公尺
枝條上的花與芽
這種木蘭屬植物是小型的落葉灌木，白色、粉紅色或紫色的花呈高腳杯狀，直徑可達二十五公分，是兩種中國原生植物的雜交種，很受歡迎。

環境：
雨林

雨林既豐富又迷人，出現在每個月都很潮溼的地方（降雨量一百毫米以上），全年都很溫暖，氣溫至少攝氏十八度。全世界主要有三片雨林，分別位在中南美、中非和東南亞。雨林溫暖潮溼，提供富饒的生長環境，不同的植物比鄰而居（也時常長在其他植物下方）。這些植物發展出獨特的策略來分享豐沛資源，有些又高又細，在遠離地面的高處展開厚厚的樹冠捕捉陽光；有些攀附在其他植物上；有些在黑暗中匍匐在地上，從肥沃潮溼的泥土吸取養分。

雨林裡最高的樹突出到樹冠層上，稱為突出層，包括優雅的巨木巴西栗。巴西栗可以長到五十公尺高，是亞馬遜雨林最高的樹木之一。突出層樹木的樹幹通常又細又瘦，因此很輕，只有頂部有枝葉。

突出層下方是樹冠層，通常是常綠或半常綠樹木。這些樹密生在一起，產生緊密而連續的植被層，從上方看起來就像覆滿青草的起伏丘陵。

樹冠層底下是地被層，這裡的植物利用有限的陽光進行光合作用。地被層有藤蔓、攀緣植物、附生植物（長在其他植物上）、枝葉開展的巨大蕨類、沼澤植物（例如紅樹林），還有真菌，在富含有機質的土壤裡欣欣向榮。

雨林物種多到不可思議。厄瓜多一公頃的雨林裡，每隔一棵樹就會出現不同的樹種。帕侖克河八十公頃的森林裡有一千零三十種植物。

雨林是動態系統，不斷改變、更迭。大樹死亡倒下後，樹冠層出現一個大洞，陽光灑進洞裡，直射地被層，展開新的生命循環。倒下的樹也成為一個新世界，腐朽的樹幹變成各種動植物的棲息地。

三號展示室

棕櫚 和 蘇鐵

蘇鐵
棕櫚
油棕

蘇鐵

第一次看到蘇鐵的時候，你可能會誤以為那是棕櫚樹，這是情有可原的。蘇鐵的樹幹頂部會長出像複葉一樣的長形葉片，就像戴了一頂皇冠，整棵樹看起來跟棕櫚很像。但蘇鐵遠比棕櫚古老，大約三億一千八百萬年前出現，可能是種子蕨的後代，是現存種子植物中最古老的支系。

　　蘇鐵和棕櫚不同，蘇鐵不開花，生殖器官是毬果，這點類似針葉樹和銀杏（因此被歸類為裸子植物，見22-27頁）。蘇鐵樹幹呈長柱狀，通常沒有分枝，葉片直接從樹幹頂端長出，隨著樹變老而脫落，在莖上留下一個個菱形，只剩頂部有一圈葉子。

　　現今大約有三百種蘇鐵，生長在各式各樣的環境，熱帶、亞熱帶和比較溫暖的溫帶地區都看得到。蘇鐵的壽命很長，有些能活超過一千年。而且有公、母樹之分，雄蘇鐵的毬果裡有花粉，雌蘇鐵的毬果有胚珠，會發育成種子。

　　一直以來，我們都以為蘇鐵和針葉樹一樣，藉著風授粉。然而研究顯示，絕大部分（甚至全部）的蘇鐵其實是靠象鼻蟲（一種小甲蟲）授粉。蘇鐵的種子很大，外層是肉質，是各種鳥類、囓齒類和蝙蝠的珍饈，這些動物會幫蘇鐵快速傳播種子。蘇鐵種子的壽命不長，很容易乾掉，所以這種計策非常有用。

圖 片 解 說

1: 南非大鳳尾蕉
學名：*Encephalartos altensteinii*
高度：6公尺
南非大鳳尾蕉來自南非，壽命很長，生長速度緩慢（每年只長2.5公分），是很熱門的觀賞植物。野生的南非大鳳尾蕉長在海岸附近，棲地從陡坡上開闊的灌木林一路延伸到山谷裡蔭鬱的常綠森林。

2: 刺葉非洲蘇鐵
學名：*Encephalartos ferox*
高度：1公尺
葉

刺葉非洲蘇鐵有橘紅色的毬果。雌毬果非常大，長滿密密麻麻的果鱗，每枚果鱗都會結兩顆大種子。這種植物分布很廣，出現在南非夸祖魯納塔爾省北部和莫三比克南部。生長在二十到一百公尺的低海拔地區。

3: 角蘇鐵
學名：*Cycas angulata*
高度：2-9公尺
母樹上的成熟種子
角蘇鐵和大部分蘇鐵不同，母樹不長密實的毬果，而長圓形的種子。這種澳洲原生蘇鐵會產生光

澤獨特的藍綠色葉子，葉長一百至一百四十公分。

4: 琉球蘇鐵
學名：*Cycas revoluta*
高度：1-3公尺
葉
這種蘇鐵遍布日本與中國福建省沿岸。雖然常有人稱琉球蘇鐵為「西谷棕櫚」（Sago palm），有時會拿來製成西谷米，但大部分的西谷米來自真正的棕櫚樹：西谷椰子，而不是蘇鐵。

棕櫚

棕櫚是世上所有開花植物中極為重要的一科，包含超過兩千六百種植物，其中一些打破世界紀錄，例如最長的葉子（羅非亞椰子葉長二十五公尺，寬三公尺）、最大的種子（海椰子的種子可達三十公分長，十八公斤重）、最大的花簇（貝葉棕的花簇長八公尺，一個分枝上有多個花簇，花朵多達二千四百萬朵）。棕櫚科也包含全球最有價值的一些經濟作物，例如椰子、椰棗、檳榔和棕櫚油（見44-45頁）。

棕櫚生長在熱帶和亞熱帶地區，不過熱帶雨林的棕櫚數量最多。棕櫚的外觀和蘇鐵相似，但棕櫚是開花植物，演化的時間比較晚，大約一億年前出現，在早期的熱帶雨林裡漸漸變得多樣。

棕櫚的特徵是樹幹頂部的大型常綠葉片，呈扇形或羽狀，通常螺旋生長在莖頂。棕櫚的葉子在開花植物中與眾不同，像劍一樣從頂部中央冒出。這種「劍形葉」會展開成有褶痕的寬葉，再裂成有深裂痕的小葉。

棕櫚的花非常不顯眼，但仔細看會發現那些花很複雜，結構各有不同。從前認為棕櫚靠風傳粉，但現在我們知道負責傳粉的主要是蜜蜂、甲蟲、象鼻蟲和蒼蠅等各種昆蟲。

圖 片 解 說

1: 巴卡巴酒實棕
學名：*Oenocarpus distichus*
高度：10公尺
高大的巴卡巴酒實棕原生於亞馬遜地區南部。羽狀葉長，裂開的小葉排列在同一個平面上。果實可以製作巴卡巴酒，也可以萃取食用油。

2: 海椰子
學名：*Lodoicea maldivica*
高度：可達34公尺
種子
世上所有植物中，這種棕櫚的葉片長度、種子大小與重量都數一數二（葉片長達十公尺）。碩大的種子通常有兩瓣，重量可達十八公斤，直徑三十公分。

3: 椰子
學名：*Cocos nucifera*
高度：可達30公尺
果實
果實長二十至三十公分，是充滿纖維的核果。一共分三層：中果皮厚，富含纖維，包著堅硬的內果皮，內部的白色果肉是胚乳，人類吃的就是這部分。胚乳是中空的，厚十二至十五毫米。

4: 酒瓶椰子
學名：*Hyophorbe lagenicaulis*
高度：3-4公尺
這種矮小的棕櫚有罕見的灰色樹幹，根部膨大，因此得到酒瓶之名。酒瓶椰子頂部狹小，上面會長四到八片約三公尺長的羽狀葉。原生於模里西斯的圓島，最近才脫離瀕臨絕種的險境。

5: 短莖薩巴爾櫚
學名：*Sabal minor*
高度：1公尺
葉與果實
這種棕櫚的葉子小，呈扇形，耐寒能力數一數二，是美國霍瑪族原住民重要的傳統藥材。他們會挖出小根，治療各種病痛。汁液抹在眼睛上可以減緩眼睛痠痛，根部乾燥後製成藥劑，可以治療高血壓，緩解腎臟問題。這種棕櫚原生於美國南部。

1

2

3

4

5

油棕和蘇鐵

油棕

油棕（或稱油椰子）的油用於製作餅乾、蛋糕、肥皂、口紅和其他日常用品。油萃取出來後，種子的殘渣可以當作肥料、汽車燃料，甚至拿來築路。考古證據顯示，我們的祖先也很重視油棕，像在西非就挖出許多五千年前的油棕果實。

野生油棕長在西非與西南非潮溼森林的邊緣，或沿著較乾燥地區的水道生長。每棵油棕都有一根主幹，可以長到二十公尺高。油棕的葉子很大，經常長達三到五公尺。年輕的樹每年可以長三十片新葉子，比較老的可以長二十片。

油棕果實成簇生長，受粉五到六個月後成熟，果肉和種仁都富含珍貴的棕櫚油。

人們大量栽培油棕，這種植物是東南亞、非洲和南美許多地區的重要作物。東南亞有些種植園大到從太空都看得見。經營像這樣的全球企業，替當地環境帶來許多挑戰，而最適合油棕生長的地區偏偏是世界上生物多樣性最高、最重要的熱帶雨林。為了空出土地種植油棕，不少雨林遭到砍伐，造成毀滅性的後果，許多當地動植物瀕臨絕種。

不過相關企業也想要解決這個問題。全球許多買賣或使用油棕的公司紛紛加入棕櫚油永續發展圓桌會議，確保能以永續的方式栽培油棕，盡可能減少現在和未來對熱帶雨林的傷害。

───── 圖 片 解 說 ─────

油棕
學名：*Elaeis guineensis*
高度：可達20公尺

1: a)、b)、c)、d) 完整果實或果實剖面
長度：2-5公分
果實按成熟度不同，呈現黑色或橙色，十至三十公克重。果肉有

百分之三十到六十是棕櫚油。內果皮（也就是殼）包覆著種子（或種仁），裡頭含有種仁油。

2: 雄花序（花軸上的簇生花）
長度：35-40公分

3: 特徵（植物的生長與外觀）
葉長：3-5公尺

4: 雄花
a) 花、b) 花的剖面
長度：15-25毫米
雄花序的每根分枝上都有四百到一千五百朵花。

5: 雌花序（花軸上簇生花）
長度：35-40公分

植物博物館

四號展示室

草本植物

花朵構造

野花

盆花

鱗莖

可食的植物地下部

藤蔓與攀緣植物

環境：高山植物

草本植物

花的構造

花是大自然吸引外界注意的媒介。花朵的顏色、形狀、大小和氣味多采多姿，目不暇給，堪稱大自然最驚人的成就。花具有繁殖的重要功能，因此植物會耗費心力炫耀自己的花。

花除了有產生花粉的雄性器官，也有雌性器官，裡頭的胚珠有卵。花粉使胚珠受精後，胚珠就會發展成種子，長成一株新的植物，下一代就此產生。有些植物的雌雄器官長在同一朵花裡，有些則分成雄花和雌花。植物演化出不同的方式讓雄花粉進入雌花子房中，千奇百怪，相當驚人，我們可以從花朵的外觀看出它採用的方式。

依賴動物授粉的植物有很多辦法可以引誘牠們。動物授粉者有七大類：甲蟲、蠅、蜂、蝶、蛾、鳥和蝙蝠。甲蟲的彩色視覺很差，但嗅覺靈敏，體型龐大，所以靠甲蟲授粉的花通常很大（為了支撐魁梧的訪客）、顏色樸素、香氣濃郁。另一方面，蝴蝶有長長的口器和彩色視覺，因此靠蝴蝶授粉的花通常顏色鮮豔，有平坦的唇狀構造讓蝴蝶降落，還有花筒讓蝴蝶的長口器能伸進去，吸食花蜜。花蜜是一種甜甜的液體，是給授粉者的珍饈。花蜜的氣味引導動物到正確位置上沾粘花粉，帶往下一朵花，為另一朵花的雌性器官授粉。

有些植物（例如禾本科）靠風授粉，稱為風媒植物。這種植物的花不用吸引動物，所以不需要顏色和香氣，通常和其他部位一樣是綠色的。花瓣小，甚至沒有花瓣，通常長在頂部，讓花粉可以隨風飛走。

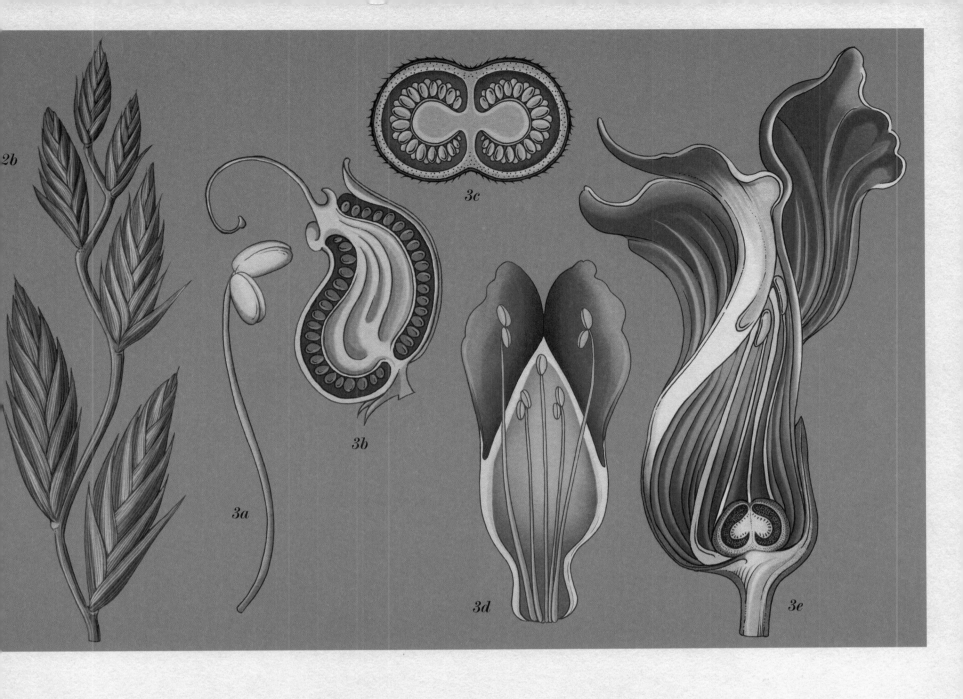

2b

3c

3b

3a

3d

3e

1: 匍枝毛茛
學名：*Ranunculus repens*
高度：可達30公分
a) 種子剖面，每粒種子都有一小枚胚嵌在胚乳中、b) 花剖面、c) 雄蕊，花的雄性生殖部位，有柄（花絲），花絲頂部有生產花粉的構造（花藥）。
毛茛是蟲媒花，放射狀對稱，可以在花的正面畫出許多對稱線。

2: 黑麥草
學名：*Lolium perenne*
高度：30-60公分
a) 花剖面、b) 莖上花序（小穗）
這種風媒植物的花長在頂部，位置遠高於葉子。雄蕊長，暴露在風中，花藥中有花粉。

3: 金魚草
學名：*Antirrhinum majus*
高度：可達 30公分
a) 雄蕊、b) 子房縱剖面、c) 子房

剖面、d) 花剖面，圖中包含花瓣和雄蕊、e) 花縱剖面
金魚草屬的花左右對稱，只能畫出一條對稱線。但有四種不同形狀的花瓣：上、下脣瓣和兩側花瓣。這些花瓣形成管狀結構，授粉者（蜜蜂）必須鑽進去才能採到蜜，表示蜜蜂每次都會站在同一個位置，而花粉也總是沾在蜜蜂身上的同一個地方，這樣的授粉方法非常有效率。

49

野花

不是人類栽種，或未經人類改良的開花植物，稱為野花。

野花是草本植物，沒有木質莖，沒辦法全年都在地面上生存。開花、釋出種子之後，就會枯萎倒下，成為覆蓋層，替土壤增添養分和水分。草本植物分成三種：一年生、二年生和多年生。一年生草本植物在一季裡生長、開花、死亡，為了延續種族，會產生大量種子，在土壤裡度過冬天或乾季，隔年春天或天氣改善時才會發芽（例如沙漠短暫雨季來臨時會出現「沙漠花海」）。二年生和多年生草本植物會保留一部分在地下，到了春天才生長、開花。

二年生和多年生草本植物的差異在於生命長短。二年生草本植物只在植物生命的第二年開一次花，多年生則年年開花。植物的地下部形形色色，有時是鱗莖（像番紅花和鬱金香，見54-55頁），有時是特別膨大的地下莖（例如薑，見56-57頁）。

野花完全依賴大自然散布種子。一年生植物一生只產生一次種子，也只會播種一次，所以要好好把握這唯一的機會。許多野花會產生大量種子，增加生存機會。另一些植物則發展出聰明的播種方法，例如蒲公英會用羽狀的小小降落傘讓種子乘風飛到遙遠的地方。罌粟種子長在同一室中，乾燥後會爆裂，讓種子盡可能噴散到離母株遠一點的地方。

--- **圖 片 解 說** ---

1: 黑芯金光菊
學名：*Rudbeckia hirta*
高度：30公分-1公尺

2: 虞美人
學名：*Papaver rhoeas*
高度：可達60公分

3: 石蠶葉婆婆納
學名：*Veronica chamaedrys*
高度：可達30公分

4: 山羊七
學名：*Aquilegia canadensis*
高度：60公分

5: 西洋蒲公英
學名：*Taraxacum officinale*
高度：可達30公分
種子頭直徑：2.5-7.5公分
a) 頭狀花序、b) 未綻開的種子頭、c) 種子頭、d) 種子隨風散去的種子頭，只殘存四粒種子和種子的「降落傘」。
蒲公英看起來像一朵大花，但其實是由大量細小的小花聚生而成的頭狀花序。

6: 圓葉風鈴草
學名：*Campanula rotundifolia*
高度：10-30公分

7: 秋牡丹
學名：*Anemone hupehensis*
高度：30公分-1公尺

8: 射干菖蒲
學名：*Crocosmia × crocosmiiflora*
高度：30公分-1公尺

盆花

人類很早就發現可以自己栽種植物，用來治病。中世紀的醫生相信，植物可以治療看起來相似的身體部位，例如他們認為黑芯金光菊對眼疾有益，花椰菜則被拿來治療肺部疾病。人類現在仍為了治療疾病而栽種許多植物（不過遠比以前更有科學依據！）。比方說，罌粟可以用來生產兩種重要的止痛藥：嗎啡和可待因。只不過，也有人種植罌粟來生產海洛因，一種非常容易上癮的毒品。美麗的罌粟花或許是世上最具爭議性的花朵。

有些花被拿來當作食物。向日葵有美味的種子，可以整顆吃，也可以搾出用途廣泛、風味十足的油。這種油的非飽合脂肪酸含量高，可用於沙拉、一般烹飪或製造人造奶油等等。葵花子油還有其他用處，像是製造生質燃料（用植物或其他有機物製造的燃料，跟石油、煤等化石燃料不同）、肥皂，或畫畫用的乾性油。油萃取出來之後，種殼也可以利用，和黃豆粕混在一起，就能做成富含蛋白質的牲畜飼料。美洲原住民還會把葵花子磨成粉，代替麥粉做麵包。

有些人因為香氣而栽培某些花。玫瑰和薰衣草最初由羅馬人引入北歐，用在香水工業。其中薰衣草更早在古希臘時期就被人栽種來製作薰衣草香水。比較鮮為人知的是，鳶尾花也屬於這一類花卉。想要萃取鳶尾的香氣，得先將根部構造（地下莖）擺放三年。拿出來之後，用力壓搾以獲得奶油色的獨特油脂，即鳶尾根油，聞起來有紫羅蘭的味道。鳶尾根油也讓其他香氣更顯濃烈。

當然我們也因為漂亮而種植某些植物。人們到世界各地蒐集不同的花，替自己的花園增添顏色或異國氣息。聖誕玫瑰來自巴爾幹半島、中東和中國，色彩繽紛而且冬天和春天都開花，成為園藝家的最愛。

圖 片 解 說

1: **聖誕玫瑰**
學名：*Helleborus sp. hybrid*
高度：30公分

2: **向日葵**
學名：*Helianthus annuus*
高度：可達3公尺
花朵直徑：10-50公分

3: **罌粟**
學名：*Papaver somniferum*
高度：可達60公分
種子頭

4: **德國鳶尾花（古老黑魔法）**
學名：*Iris × germanica hybrid*
高度：60-90公分

鱗莖

切開洋蔥，會看到一層層肉質物，中央是尖尖的芽，外層包覆像紙一樣的薄膜，基部則是細小的繩狀根。寄送食物時，你會把包裹層層包覆，以免內容物壞掉，這種植物也是一樣，緊密包覆能確保植物可以存活，度過乾旱或寒冷時期。

洋蔥是鱗莖，一種地下莖，周圍是特化葉（就是那層層堆疊的東西）。只有頂部朝上擺放時才會生長。要是天氣不好，就會進入某種休眠或蟄伏狀態，露出地面的部分會死亡。天氣變暖，或是下過雨後，鱗莖會發芽，往上穿透土壤，長出地表。在溫帶地區，第一批雪花蓮、藍鈴花、番紅花和水仙從地上探出頭的時候，就表示春天來了，植物發芽後，很快就繁花盛開。

這些植物雖然會產生鱗莖（並以這種狀態存活數年），但仍用種子繁殖。花受粉之後長出種子，以各種方式散布出去。這個過程很緩慢，像水仙就要花五年才會從種子長成成熟的植株，因為前面幾年，大部分的養分都用來長鱗莖了。

數千年來，人類把植物的肉質地下部當作食物或調味料。考古發現，人類早在古埃及時期就會栽種洋蔥。另一種食用、藥用歷史悠久的鱗莖是大蒜，考古學家在埃及法老圖塔卡門的墓中發現一千五百年前的大蒜。聖經、古蘭經和其他許多埃及、希臘、印度和中國的古老文獻都曾提到這種植物。

還有一種食用歷史很長的鱗莖植物是番紅花。不過這次使用的不是鱗莖，而是柱頭。橘紅色的番紅花（也叫藏紅花）顏色鮮豔、珍貴，既是烹飪用香料，也是強力的布料染劑。磨成粉後，就成為世上最昂貴的食材。古代人很重視番紅花，克里特的米諾斯人大約在西元前一五五〇年就開始種植、交易這種植物。

另外兩種更常見，但一樣珍貴的鱗莖是水仙和鬱金香。一六三〇年代，鬱金香替荷蘭帶來了史上第一次金融危機，因而身負臭名。當時一顆鬱金香鱗莖的價格等同於四頭公牛、八隻豬、十二隻羊或四百五十公斤的起司。

圖 片 解 說

1: 番紅花
學名：*Crocus sativus*
高度：7-15公分
a) 蒴果縱剖面，可以看到正在發育的種子、b) 雄蕊，由花絲和花藥組成、c) 柱頭、d) 全株

2: 大蒜
學名：*Allium sativum*
高度：30-45公分
a) 莖與芽、b) 花、c) 鱗莖剖面、d) 鱗莖與莖

3: 鬱金香
學名：*Tulipa*
高度：15-75公分

4: 洋蔥
學名：*Allium cepa*
高度：75公分-1.8公尺
a) 鱗莖、b) 鱗莖縱剖面

可食的植物地下部

植物有許多方法可以在地下延續生命，度過寒冷乾燥的季節。塊根、地下莖、塊莖能儲存澱粉、蛋白質和養分，替下一次生長季提供能量。許多糧食作物就是植物的地下儲藏器官，像是全球第四重要的糧食來源：馬鈴薯（塊莖）。

塊根類包括一些美味的佳餚，例如胡蘿蔔、蕪菁、防風草、飼料甜菜、黑皮波羅門參和蘿蔔。這些植物在地下長出膨大的根，有各式各樣的形狀。主根肩部露出地面，葉子直接從根上長出，幾乎沒有地上莖，只有葉子。

和塊根類不同，地下莖和塊莖有長滿葉子的地上莖，也有一般常見的根。像是馬鈴薯，馬鈴薯植株翠綠、分枝多、葉子茂密，會開白色小花。地下莖奇形怪狀，例如薑的地下部就充滿節，那其實是融合在一起的根，通常垂直長進土裡。「地下莖」的英文「rhizome」來自古希臘文，意思是「大量的根」。

塊根類有番薯、胡蘿蔔、薯蕷和蕪菁；塊莖則有馬鈴薯和奇優果，塊莖形狀粗短渾圓，通常是植物主幹的分枝。所有參與「繁衍新植物」過程的構造，都能在塊莖中找到，因此，如果馬鈴薯在櫥櫃中放了太久，就會發芽。

還有一類「地下」食物值得一提：花生。花生不是堅果，而是一種豆科植物的種子，在地表莖上長成一串。受粉之後，子房基部會產生短柄，把種子推進土裡，在那裡長成成熟的花生莢。

圖 片 解 說

1: 馬鈴薯
學名：*Solanum tuberosum*
植株高度：可達1公尺

2: 大薯（紫薯）
學名：*Dioscorea alata*
塊莖直徑：大約6公分
塊莖橫切面
大薯的塊莖在東南亞或太平洋地區馴化，是許多熱帶國家的食物。

3: 甜菜根
學名：*Beta vulgaris*（甜菜）
植株高度：開花時可達2公尺
根部直徑：約10公分
根部縱剖面

4: 奇優果
學名：*Oxalis tuberosa*
塊莖長度：可達8公分
塊莖
這種作物源於南美的安地斯山。

5: 蘿蔔
學名：*Raphanus sativus*
根長：2公分-1公尺
蘿蔔是可食用的塊根，在羅馬時代以前的歐洲馴化。

6: 胡蘿蔔
學名：*Daucus carota*
根長：14-25公分

7: 黑皮婆羅門參
學名：*Scorzonera hispanica*
根長：20公分-1公尺

8: 蕪菁
學名：*Brassica rapa*
根直徑：5-20公分
根

9: 花生
學名：*Arachis hypogaea*
莖長：可達70公分
花生莢長：3-7公分

10: 薑
學名：*Zingiber officinale*
莖高：可達1.2公尺
薑的地下莖有辣味，可以食用也可以藥用，原產於亞洲。

藤蔓與攀緣植物

有些草本植物的莖幾乎無法支撐自己的重量，必須依靠周圍的植物（通常是樹）、岩石，甚至是建築物。這些植物環繞、垂吊在支撐它的結構上，朝陽光的方向生長，展開葉片。

藤蔓的莖有彈性，可以隨支撐結構拉扯、扭曲。為了附著在支撐結構上，這種植物演化出一系列特徵，例如捲鬚，一種專化的莖、葉，甚至是花。捲鬚長得像捲曲的彈簧，會尋找看起來適合攀爬、包覆的地方，每天都會順時針或逆時針旋轉三百六十度，一邊生長，一邊尋找支撐結構。

另外一些藤蔓則仰賴「不定根」支撐重量，這種特殊的根從莖上長出，攀附到其他植物或表面上。許多草本藤蔓有帶刺或帶勾的分枝，可以勾住附近的東西。如果草本藤蔓找不到適合的支撐結構，就會沿地面水平生長，這些植物稱為攀緣植物或蔓生植物。

圖 片 解 說

1: 百香果
學名：*Passiflora edulis*
高度：2-2.5公尺
藤上的花苞、果實、葉和花
百香果藤生長迅速，有壯觀的紫白色大花（直徑可達十公分）、四根含有花粉的黃色花藥和一根帶黏性的黃色直立柱頭。果實類似南瓜或黃瓜，革質的厚果皮包著美味多汁的果肉，裡頭藏了許多種子，每粒種子外則包覆著像襪子一樣的假種皮。

2: 啤酒花（蛇麻）
學名：*Humulus lupulus*
高度：可達6公尺
藤上的果實
啤酒花最著名的是它的花（因為形狀獨特，有時也稱為種毬），是啤酒的主要調味原料。西元九世紀時，啤酒花首度被拿來製作啤酒。

3: 豌豆
學名：*Pisum sativum*
高度：3公尺
含有種子的豆莢
豌豆是最有營養的一種豆科植物。人類栽培豌豆主要是為了取得可食的種子。豌豆富含蛋白質、維生素和礦物質。考古學家在肥沃月灣（現代以色列、約旦、底格里斯河和幼發拉底河周圍地區）發現人類早在西元前八千年就開始栽培豌豆。豆莢裡的豆子是種子，每顆種子都是有種皮包覆的胚，而胚有兩個又厚又大的子葉，因此剝開豆莢時，豌豆會和花生一樣裂成兩半，這就是種子的兩枚子葉。

4: 南瓜
學名：*Cucurbita pepo*
高度：70公尺
南瓜是最早馴化的植物之一。考古學家在墨西哥北部的遺跡找到西元前七千到五千五百年的南瓜化石碎片，美國西南部的化石碎片則可追溯到西元六一〇年。歐洲移民十五世紀到達美洲之前，美洲原住民的主食是瓜類、豆類和玉米，而南瓜正是其中不可或缺的一種食物，至今仍然是這些地區的重要作物。

5: 絲瓜
學名：*Luffa aegyptiaca*
果實長度：可達61公分
藤上的果實、葉和捲鬚
絲瓜屬於葫蘆科。果實是中國和越南很受歡迎的佳餚，但在西歐和美國，絲瓜則被拿來刷背，用途完全不同。絲瓜（或菜瓜）果實成熟之後富含纖維，除去種子後，就是好用的菜瓜布。

6: 細毛無根藤
學名：*Cassytha ciliolata*
長度：藤蔓攀越樹木，形成高達5公尺的緊密網狀莖
a) 藤蔓與果實、b) 果實縱剖面
這是種寄生藤（見86-87頁），靠其他植物支撐，也把它們當作養分來源。肉質的紅色小花直徑大約一公分，是鳥類的食物，人類偶爾也會吃。

1

2

4

5

6a

6b

環境：
高山植物

高山植物生長的地方有幾個特點：溫度低，連續好幾個月都在零度以下，經常蓋著一層雪、乾燥、紫外線強、生長季非常短（每年不到三個月）。這些環境特色讓高山植物面臨三大生存挑戰。

首先，植物能夠生存的最高處通常土壤稀少、鬆散而多岩石。要長在這裡，必須想辦法固定。伏地水楊梅會長出長長的匍匐莖，爬過多岩的地面，把鬆散的土壤或岩屑固定在原地。另一種固定方式是在岩石裂縫中形成緻密的毯狀（例如挪威虎耳草），毯狀植株能保護根部，把冷空氣隔絕在外。

第二個挑戰是嚴苛的氣候，尤其是頻繁發生的凍結、融解循環。這對新生植物來說是一大挑戰，需要特別的發芽策略，例如胎生（穗上發芽），種子在母株上發芽，這樣一來，植物就能保護自己的下一代直到成熟。這種植物看起來像長了許多穗，高山禾本科植物（例如高山早熟禾）經常採用這種策略。另一種抗寒方法是讓部分構造永遠保持在地下，地上部則只在天氣適宜的時候出現，例如扇羽陰地蕨。

第三個挑戰是生長季短、授粉者少。解決辦法包括提早開花、自花授粉，或開出大型花朵。高山雪鈴花就是冬天過後最早冒出頭的植物，吸引第一個出現的授粉者，不用和其他植物競爭。矮龍膽則致力於長出大型花朵，吸引熊蜂（體型大，適合在寒冷的地方生存）。也有些高山植物選擇自花授粉，例如長花櫻草雖然仰賴天蛾授粉，但因為這種昆蟲很少出現，所以要是天蛾沒出現，櫻草就會自己授粉。

圖 片 解 說

1: 高山早熟禾
學名：*Poa alpina*
高度：15公分

2: 伏地水楊梅
學名：*Geum reptans*
高度：10公分

3: 高山雪鈴花
學名：*Soldanella alpina*
高度：10公分

4: 長花櫻草
學名：*Primula halleri*
高度：20公分

5: 扇羽陰地蕨
學名：*Botrychium lunaria*
高度：10公分

6: 挪威虎耳草
學名：*Saxifraga oppositifolia*
高度：4公分

7: 矮龍膽
學名：*Gentiana acaulis*
高度：10公分

五號展示室

禾本科植物、香蒲、莎草與燈心草

禾本科植物
作物
香蒲、莎草與燈心草

禾本科植物

禾本科有超過一萬種植物，其中一些對人類來說非常重要，例如玉米、小麥和稻米（見66-67頁）。這三種禾本科植物占了全球糧食的百分之五十以上。從熱帶到寒冷極地，幾乎到處都有禾本科植物的蹤影。比方說南極，這裡只有兩種開花植物，其中一種就屬於禾本科（南極髮草）。禾本科植物算是很後期才演化出來的，不過卻覆蓋了全球百分之二十五的面積，十分驚人。禾本科植物最早出現在大約六千萬年前，許多有蹄哺乳類也差不多在同個時期出現。

禾本科大部分是草本，葉片狹長，莖部空心有節，有些可以像竹子一樣長到非常高，有些則幾乎平貼在地上。許多禾本科植物靠水平地下莖向外延伸，地上莖則稱為匍匐莖，無論匍匐莖或地下莖都會萌發新芽。禾本科植物的生長點和其他植物不一樣，不是位在頂端，而是接近基部，或者甚至在地下。因此禾本科植物禁得起動物啃食、火燒，或在公園與運動場被人踐踏，生長點都不會受傷。許多禾本科植物的龐大根系可以儲存大量食物，所以能在乾旱中存活。

圖 片 解 說

1: 麻竹
學名：*Dendrocalamus latiflorus*
a) 花、b) 葉、c) 莖
高度：14-25公尺
這種巨大的竹子遍及中國和東亞，在熱帶、亞熱帶地區群聚生長。莖部輕且中空，有各種用途，可作為建材、水管，或製成家具，甚至是樂器。一隻大貓熊每天可以吃下十二至三十八公斤的竹葉。

2: 粉黛亂子草
學名：*Muhlenbergia capillaris*
高度及寬度：60-90公分
花與莖
這種植物生長在美國各地，北至麻薩諸塞州，南到佛羅里達和德州，橫跨大草原。

3: 格蘭馬草
學名：*Chondrosum gracile*
高度：15-50公分
莖上的花

格蘭馬草的種穗排列特殊，從花莖的一側垂下，看起來像子孑，所以英文俗名叫做mosquito grass（蚊子草）。這種植物生長在美國西部的平原和森林。

4: 天藍麥氏草
學名：*Molinia caerulea*
高度：30公分-1公尺
莖部直徑：2-3毫米
莖的切面

5: 紫羊茅
學名：*Festuca rubra*
高度：2-20公分
a) 葉片（圖片上部）和莖（由葉鞘環繞，圖片下部）之間的連接處、b) 莖
這種草長在西半球各地的花園、草坪、公園和運動場，靠著長長的水平地下莖向外延伸。有些地下莖估計有二百五十公尺長，而且超過四百歲。

6: 狗牙根
學名：*Cynodon dactylon*
高度：可達25公分
莖頂的種子
不是所有禾本科植物都對環境有益。像狗牙根就是全球農業與環境破壞力最強的雜草，原生於非洲，生長速度快，會長成緻密的毯狀，迅速占領新地盤，悶死其他植物。

7: 甘蔗
學名：*Saccharum officinarum*
高度：3-6公尺
a) 莖、b) 花
甘蔗的原生地可能是新幾內亞。哥倫布第二次出航（一四九三到一四九六年）時從歐洲引入美洲。甘蔗主要栽培於熱帶，但也有一些種在亞熱帶地區，生產的糖占全球產量的百分之七十，其中大約有一半來自印度和巴西。

禾本科植物、
香蒲、莎草與燈心草

作物

全世界超過一半的食物來自三種作物：玉米、小麥和稻米的可食穀粒（種子），這些
作物都是禾本科的成員。玉米是全球產量最大的作物，每年生產超過十億公噸。玉米
是人類主食，也可用於製造生質燃料和動物飼料。大約九千年前在墨西哥特瓦坎谷地
馴化。早期玉米是小型叢生的亞種大芻草，栽培的地區橫跨中美和南美。阿茲提克人
極為重視玉米，甚至有玉米神：森特奧爾特（Centeotl）。五百到一千年前，玉米成
功打入美國東南部，到了十五世紀末，探險家把玉米帶進歐洲。

　　我們今日所知的小麥最早種於一萬年前的地中海地區東部。小麥能演化成今日的
樣貌一部分靠的是運氣，一部分是人為因素。最早當成食物種植的小麥是一粒小麥和
二粒小麥。二粒小麥是兩種禾本科植物自然結合的產物（雜交種）。二粒小麥進一步
和山羊草雜交之後，就產生了高產量、高蛋白的品種，也就是現代小麥。

　　亞洲水稻可能源於東南亞，那裡現在還有稻米的祖先：野生稻。中國南部馴化稻
米的紀錄可以追溯到大約西元前六千年。禾本科的其他穀類成員有大麥、粟、燕麥等
等，族繁不及備載。

圖 片 解 説

1: 大芻草
學名：*Zea mays ssp. parviglumis*
高度：50公分-1公尺
一般認為這種野生作物是玉米的親戚。沒有穗軸。

2: 玉米
學名：*Zea mays*
高度：3-12公尺
玉米高大的莖上有雌性和雄性的生殖構造。雄性構造位在植株頂端，是髮狀的穗；雌性則在植株中間，外頭有幾層葉片（一般稱為殼）包覆。受粉之後，雌性構造就會發展成我們熟悉的食用玉米穗軸（長十五至二十五公分），一個穗軸上大約有六百粒果實（果仁）。

3: 山羊草
學名：*Aegilops tauschii*
高度：30公分

這種禾本科植物的花很小，藏在外稃和內稃中（特化葉）。外稃末端有刺，長一至四公分，稱為芒，表面粗糙，可以附著在經過的動物身上傳播。

4: 二粒小麥
學名：*Triticum dicoccon*
高度：可達1.5公尺
種名*dicoccon*表示這種小麥的每個小穗或開花構造會產生兩粒穀粒。小麥的穗由小穗聚集而成，特化葉會保護成長中的穀粒。

5: 小麥
學名：*Triticum aestivum*
高度：65公分-1公尺
小麥的每個小穗會產生二到四粒穀粒，產量勝過二粒小麥。有些品種有芒（刺），有些沒有。

6: 水稻
學名：*Oryza sativa*
高度：可達5公尺
水稻會產生穀粒，中央的內果皮是數百萬人的主食。水稻生長時，根長在深水中。

7: 燕麥
學名：*Avena sativa*
高度：40公分-1.8公尺
這個禾本科成員會產生垂掛的開花構造，周圍是特化的葉子，稱為穎。燕麥的穎比其他禾本科成員明顯，因為燕麥的小穗比較大，長2.2至2.7公分。

8: 珍珠粟
學名：*Pennisetum glaucum*
高度：1.5-3公尺
這種作物在印度與非洲常受旱災侵襲的地方特別受歡迎。

香蒲、莎草與燈心草

世界各地的池塘與溼地水邊都有一群顯眼的植物：香蒲、莎草與燈心草。這些植物都很高，有點像大型禾本科植物，但儘管外觀近似，這些優雅的池塘居民卻不是禾本科，兩者沒有關係。

說來混淆，香蒲有個英文俗名叫bulrush，但香蒲並不是燈心草（rush）。香蒲屬於香蒲科，也稱為水蠟燭或蒲草。這些名字都是用來描述莖部末端類似香腸的構造，大約三十公分長，四公分粗，是緊密聚在一起的上百朵細小花朵。在這上方的穗狀花序是植物的雄性構造，裡頭含有花粉。細小的種子成熟時，植株上端會化成棉絮，帶著種子乘風散布。

莎草屬於莎草科，和禾本科最大的差異在莖部。禾本科植物的莖長而中空，呈柱狀（見64－65頁），相較之下，莎草的莖是三角形，內部充滿黏黏的髓。

數千年來，人類把莎草當食物、燃料和造紙原料。幾種莎草科植物會產生可食的塊莖，例如風味細緻的荸薺。不過莎草科最有名的成員大概是紙莎草，古埃及人發現紙莎草可以做成紙和船隻堅固、具彈性的外殼。

燈心草屬於燈心草科。獨特的花像鱗片，由三片花瓣、三個萼片（保護花苞的葉狀構造）組成，花瓣與萼片交錯形成對稱的環（稱為花被片）。自然界很少褐色花，而燈心草正是其中之一。燈心草的莖狀葉子呈圓柱形，長而無毛，莖是空心的圓形。

圖 片 解 說

1: 香蒲
學名：*Typha latifolia*（寬葉香蒲）
高度：可達2.5公尺
a) 頭狀花、b) 莖剖面
香蒲能吸收汙染物而不會死亡，所以有些地方用香蒲淨化水質。

2: 紙莎草
學名：*Cyperus papyrus*
高度：可達5公尺
a) 葉與花、b) 莖剖面
這種生長迅速的莎草原生於非洲，但栽植範圍廣闊。莎草紙質類似一般紙，用紙莎草莖裡的髓製成，埃及人早在西元前四千年就有這種技術。製作莎草紙，要先去除外層的莖，把裡面的髓切成條。接著把切成條的髓緊密排在堅硬的平面上，一共要鋪兩層，第二層要和第一層垂直。鋪好後，把兩層槌成一層，然後風乾，並用大石頭壓平，最後磨光，做成平滑的紙。

3: 燈心草
學名：*Juncus squarrosus*
高度：可達50公分
a) 上部是柱頭開裂，下部是花柱和子房、b) 花、c) 莖與花
燈心草生長在潮溼多泥煤的荒原與高沼地。

六號展示室

蘭花與鳳梨

蘭花
大慧星風蘭
鳳梨

蘭花

蘭花有一些驚人的統計數據。蘭科是所有草本開花植物中最大的一科，總共有大約兩萬八千個品種。一般而言，蘭花的在地化程度高，完美適應各地獨特的環境，生長在世界各地形形色色的棲地，包括黑暗的雨林和高大的熱帶樹木頂端。

逾半數蘭花是附生植物，靠其他植物支撐，長在高高的枝幹上，根部伸到空氣中，所以一般稱為「氣生植物」。根從周圍繚繞的霧氣、溼氣、塵埃和碎屑中吸收需要的水分和養分，存放在樹頂。長在地上的蘭花能適應毫不吸引人的環境，例如潮溼泥濘的沼澤地。

蘭花是植物世界的演員，花朵形狀古怪多變，反映不同蘭花特殊的授粉方式。許多蘭花會刻意吸引授粉者（例如蜂蘭），模仿替它授粉的昆蟲，讓昆蟲以為是豔遇而靠近。

另一些蘭花則採取比較直接的辦法，像是流蘇瓢脣蘭可以把花粉射向蟋蟀、蜂鳥等授粉者。

幾百年來，蘭花因為形狀、顏色和獨特的氣味，而成為玻璃溫室中珍貴的陳列品和室內盆栽。十九世紀的植物獵人害許多稀有物種瀕臨絕種。現在大部分的蘭花都由人類從種子開始照顧。然而，每種蘭花的個體數都很少，野生蘭花仍然瀕臨絕種。

圖 片 解 說

1: 紫斑嘉德麗亞蘭
學名：*Cattleya aclandiae*
高度：20-25公分
花
這種蘭花原生於巴西的巴伊亞州，甜美的香氣會吸引正在尋找花蜜的大型蜜蜂，但這種花其實沒有花蜜。

2: 流蘇瓢脣蘭
學名：*Catasetum fimbriatum*
高度：61-76公分
莖上的花
這種蘭花會把花粉射向蜜蜂。花的脣瓣附近有兩根細毛，蜜蜂衝進花裡的時候，就會觸動這兩根毛，讓花粉彈出。

3: 香草
學名：*Vanilla pompona*
　　　（大花香莢蘭）
高度：可達15.5公尺
花、花苞與葉
有些蘭花其實是人類的食物。大花香莢蘭未成熟的果實處理過後，就是香草豆莢。全球百分之

七十五的香草來自扁葉香莢蘭，這種香草生長在馬達加斯加、葛摩群島和留尼旺島，但原生地其實是墨西哥。

4: 圓頂絨帽蘭
學名：*Trichosalpinx rotundata*
高度：5-8公分
葉和花
這種中美洲蘭花細小的花朵長在圓形葉片的葉背，葉子像迷你雨傘，能在雨季時保護替它授粉的蠅類。

5: 蜂蘭
學名：*Ophrys apifera*
高度：25-38公分
莖上的花
蜂蘭有毛茸茸的黃褐色條紋，很像雌蜂，上當的雄蜂會試圖和蜂蘭交配，然後帶著滿身的花粉去下一朵花試試運氣，這種策略稱為假交配。

6: 羅氏兜蘭（拖鞋蘭王）
學名：*Paphiopedilum*

rothschildianum
高度：51-76公分，開花時會長到兩倍高
這種蘭花只生長在婆羅洲京那巴魯山低處的小山坡上。

7: 吸血鬼小龍蘭
學名：*Dracula vampira*
高度：20-30公分
花
這種外觀嚇人的蘭花原生於厄瓜多，靠一種吃蕈菇的小型蚋（蠅）授粉。吸血鬼小龍蘭會產生類似蕈菇的香氣，吸引在花附近遊蕩、尋找食物的蚋。

8: 暗淡尾萼蘭
學名：*Masdevallia stumpflei*
高度：10-17公分，開花時會長到兩倍高
一般認為這種蘭花原生於秘魯，一九七九年才在德國一處溫室裡發現，從來不曾出現在野外。

大慧星風蘭

這種美麗的白色蘭花來自馬達加斯加，附生在樹幹上，會長到一公尺高。狹窄的革質葉大約三十公分長，白色大花的花瓣長度大約七至九公分。大慧星風蘭的花蜜在蜜距裡，那是一條長長的管子（長達三十公分），從花朵後方延伸出去，只有長喙的授粉者才搆得到。

這種神祕、美麗的植物有段迷人的過去。一名法國探險家在馬達加斯加發現了大慧星風蘭，一八〇二年時帶回巴黎植物園，之後送了一些去英國皇家植物園：裘園。當時的主任約瑟夫‧胡克得意地把這些新收藏展示在他華麗壯觀的玻璃溫室裡。一八六二年，他寄了一些給朋友達爾文（達爾文今日以演化論著稱）。這些花挑起了達爾文的好奇心，他寫信給胡克：「我剛收到的大慧星風蘭太驚人了，蜜距有三十公分長。老天啊，什麼樣的昆蟲才吸得到？」達爾文心想，一定有某種未知的昆蟲有將近三十公分長的喙。這不是人們第一次覺得達爾文有點異想天開（這是禮貌的說法）。四十多年後，才終於證明他說的沒錯。科學家在一九〇三年發現一種天蛾（馬達加斯加長喙天蛾），喙很長，可以伸進大慧星風蘭的蜜距。在耐心的野外觀察之後，終於確定真的有這種行為。

圖 片 解 說

1: 大慧星風蘭

學名：*Angraecum sesquipedale*
高度：可達I公尺
蜜距：可達30公分

2: 馬達加斯加長喙天蛾

學名：*Xanthopan morganii ssp. praedicta*
大慧星風蘭的授粉天蛾，喙的長度和蘭花的蜜距長度相當。

鳳梨

鳳梨科植物幾乎只長在南美和北美，美洲以外只有一種野生鳳梨：菲利克斯皮氏鳳梨（*Pitcairnia feliciana*），生長在西非。美洲有將近三千種鳳梨，生長在各式各樣的環境，從熱帶雨林到乾燥地區，從雲霧繚繞的山地森林到乾燥的沙漠都能看到鳳梨的蹤跡。驚人的是，據信所有鳳梨都在大約同個時期（三千萬到六千萬年前）演化出來。

鳳梨的葉片簇生，通常沒有莖，特徵獨特而醒目。積水型鳳梨的堅硬葉片互相交疊，在中央儲存雨水，成為植物在乾季的水分來源之一。這個特色同時也創造出潮溼而安全的生態系，是樹蛙、蝸牛、扁蟲、小螃蟹、蠑螈、藻類和昆蟲幼蟲的小天地。

鳳梨的葉片通常有圖案：條紋、斑點或帶狀，顏色鮮豔多樣，有白色、奶油色、黃色、紫色、紅色、銀色、栗色和黑色。除了炫麗的葉子，鳳梨也有色彩亮麗的漂亮花朵，通常長在穗狀花序上。有些花序從簇葉中直直伸出，高達十公尺。有些向下低垂，比植株更低。逾半數鳳梨是附生植物，會把自己固定在其他植物上，通常是樹木的枝條。熱帶樹木的一根枝條上可能有上百株鳳梨，這些枝幹沉載了鳳梨的重量，很容易折斷。也有些鳳梨長在地上，根伸入土壤。另外還有一些是岩生，也就是生長在岩石表面。

印加、阿茲提克和馬雅人對鳳梨很熟悉，除了當食物、利用鳳梨纖維，儀式時也會使用。然而鳳梨一直要到一四九六年才出現在歐洲，哥倫布二度造訪新世界歸來時，順道帶回一種美味的鳳梨。短短五十年內，鳳梨就成為歐洲富人珍視的食物。不過，在加熱溫室裡種植鳳梨所費不貲，長久以來一直是有錢人獨享的美食。

圖 片 解 說

1: 紅鳳梨
學名：*Ananas bracteatus*
植株高度：1.2公尺
果實

2: 鳳梨
學名：*Ananas comosus*
植株高度：1-2公尺
果實
鳳梨是今日唯一還有經濟價值的鳳梨科植物。這種植物不只是一顆單純的果實，而是一堆果實融合成的大型肉質構造。這種植物原生於美洲的熱帶地區，那裡的貘愛吃野生鳳梨的果實，因此能幫忙散布種子，不過栽培種鳳梨已經培育成無子。

3: 綠松石普亞鳳梨
學名：*Puya berteroniana*
高度：3公尺
花

4: 紋葉麗穗鳳梨
學名：*Vriesea hieroglyphica*
高度：60公分
葉長：可達1公尺

七號展示室

適應環境

多肉植物與仙人掌
水生植物
王蓮
寄生植物
食肉植物
環境：紅樹林

多肉植物與仙人掌

多肉植物有固定的特徵，所以能在地球上最乾燥的環境生長，包含專化的植物組織，能吸收、留住水分，因此即使在乾旱期，也能進行光合作用（過程中需要水）。多肉植物的莖常有堅硬表層，支撐體內儲存的水分重量。葉子厚，革質，表面覆蓋一層白色的蠟，有助於減少蒸散，防止水分喪失，降低烈日對葉片的傷害。有些多肉植物有白色長毛抵擋陽光，同時也抵禦沙漠夜晚接近零度的低溫。

多肉植物有時是唯一能在乾旱時生長的綠色植物，看在飢餓的草食動物眼中自然誘人。多肉植物因此演化出一些策略來解決這個問題，有些有苦味，有些有尖銳的刺。但最厲害的大概是偽裝，石頭玉看起來像小圓石，但會開出像大雛菊一樣的炫麗奪目的花。

仙人掌具備上述許多適應方法，但不長葉子，只有尖銳的刺，那些刺其實是高度特化的葉，因此仙人掌的光合作用完全由莖部進行。這些刺除了能抵禦草食動物，也能阻撓周圍氣流，減少蒸發造成水分散失。

圖 片 解 說

1: 白帝
學名：*Haworthia attenuata*
高度：可達50公分
這種小型仙人掌的葉片醒目，呈三角形，葉上的白色條紋類似斑馬。原生於南非。

2: 英冠玉
學名：*Parodia magnifica*
高度：7-15公分
英冠玉通常成叢生長，所有植株都朝同一個方向，因此得到「指南針仙人掌」的俗名。

3: 乙女心
學名：*Sedum pachyphyllum*
高度：可達25公分
莖上的葉
葉片看起來像雷根糖，可惜不能吃。圓形的葉子（像一串珍珠，見圖4）有助於減少葉片吸收的陽光量。原生於墨西哥。

4: 綠之鈴
學名：*Senecio rowleyanus*
垂掛的莖長：可達90公分
藤上的葉
這種多肉植物屬於菊科，每個「鈴」都是藤蔓上的葉片。生長在南非沙漠。

5: 刺梨
學名：*Opuntia engelmannii*
高度：3公尺
刺梨會產生香甜的果實。大而扁平的部位是莖，而尖銳的刺是特化葉。刺梨是分布最廣的仙人掌，遍及南美，北至加拿大。

6: 三角霸王鞭
學名：*Euphorbia trigona*
高度：可達2.7公尺
大戟屬植物和仙人掌看起來非常相似，但沒有關聯。這種大戟屬植物來自中非，深綠色的莖直立生長，形狀像脊。大約五毫米長的刺成對長在脊上，兩根刺之間長了水滴狀的小葉子。

7: 日之出丸
學名：*Ferocactus latispinus*
高度：可達30公分
這種球形仙人掌原生於墨西哥，刺四到五公分長。

8: 石頭玉
學名：*Lithops hookeri*
高度：可達5公分
石頭玉是偽裝成小圓石的多肉植物，一半埋在土裡。原生於納米比亞和南非。

9: 雪蓮
學名：*Echeveria laui*
高度：可達15公分
a) 萌發中的葉子、b) 全株植物
葉片裡有色素，幫忙植物調節用來行光合作用的陽光，所以看起來藍藍的。這種植物覆有一層帶粉的蠟質，保護下方的多肉組織。原生於墨西哥。

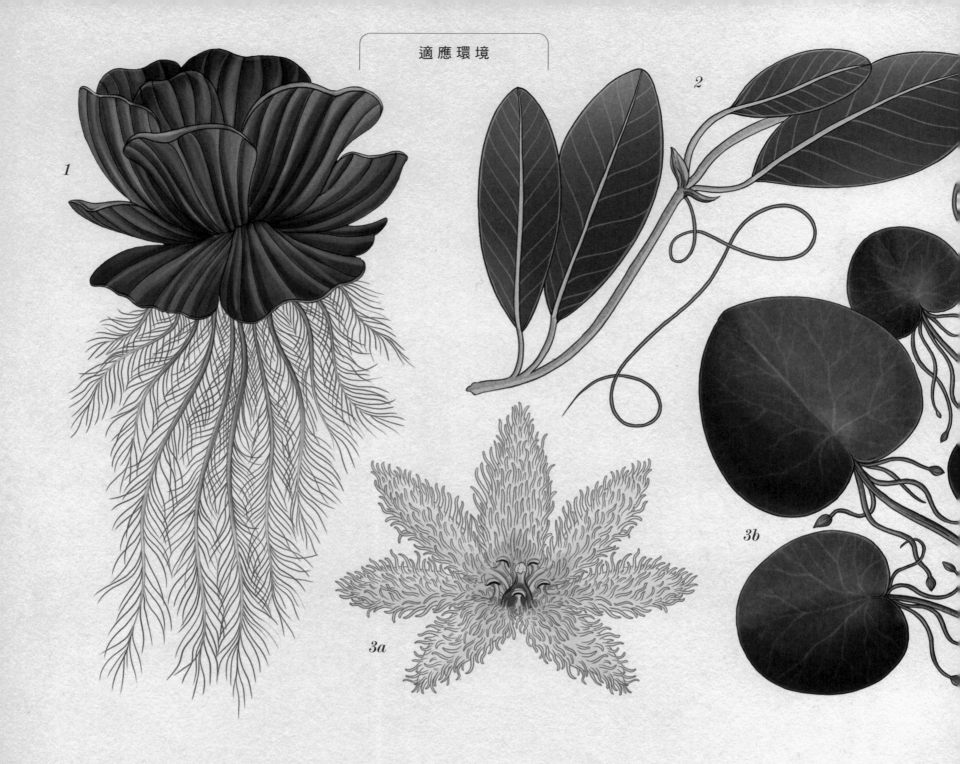

水生植物

水生植物生長在水中或長年潮溼的泥土裡，包含許多前面出現過的植物，例如不用花繁殖的藻類、苔、蘚、角蘚、石松、木賊和多種蕨類。香蒲、莎草、燈心草雖然用花繁殖，但根長在水裡，也屬於水生植物。除此之外，還有一群有特殊能力的水生開花植物，整株長在水裡，或一部分在水裡，只有葉和花在水面上。

　　水的密度比空氣大，所以水生植物從環境得到的支撐比陸生植物多。水生植物的堅硬組織比較少，莖部有彈性，可以隨水流漂動。充滿空氣的空腔則可提供浮力。有些陸生植物的葉表有蠟質，減少水分蒸散流失，而水生植物葉片的蠟質不多，甚至完全沒有。長年浸在水中的葉子通常又薄又長，有許多深裂，降低水流阻力，增加吸收二氧化碳的表面積。漂浮葉片通常圓而平滑，同樣可以降低水流阻力，而且葉柄長，水位改變時，可以上下活動。專化的氣囊（腔隙）可以提供額外的浮力。

　　水生植物的花在水面上或水面下都有。水面上的花通常是風媒或蟲媒。水面下的花靠水傳播花粉，這種辦法並不可靠，因為花粉可能會被沖走，所以大部分水生植物也會無性生殖，把地下莖埋進湖底土壤，在距離親株不遠的地方長出新芽，最後分離，產生新的植株，基因和親株完全相同。

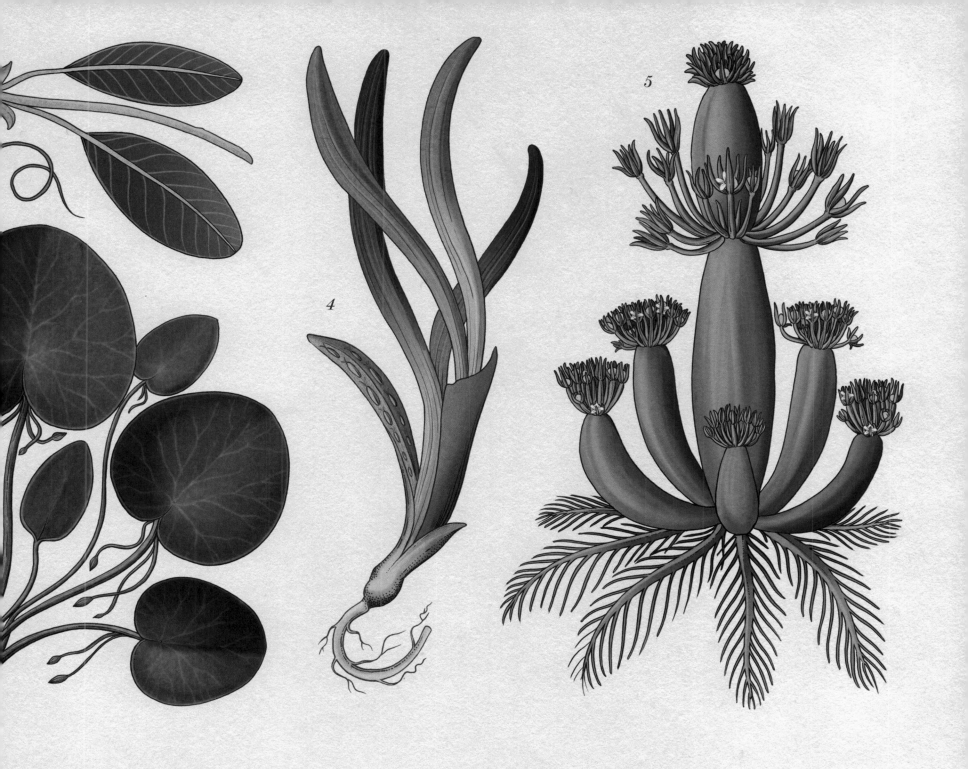

圖 片 解 說

1: 大萍（水芙蓉）
學名：*Pistia stratiotes*
高度：15公分
大部分亞熱帶淡水水域都有大萍
的蹤影。根部自由浮動，從流水
中吸收養分。

2: 卵葉鹽藻
學名：*Halophila ovalis*
葉長：可達2.5公分
葉和莖
這種鹹水海草生長在礁岩、河口
與三角洲附近的泥灘地與沙洲，
就像是水中草地，提供儒艮（
一種海洋哺乳類動物）理想的

覓食地點，因此又叫做儒艮草
（dugong grass）。

3: 印度莕菜
學名：*Nymphoides indica*
葉直徑：5公分
a) 花、b) 葉
這種五瓣花長在水面上，花瓣有
絨毛般的細緻結構。

4: 大葉藻
學名：*Zostera marina*
葉長：通常20-50公分，但有時
長達2公尺
大葉藻是一種海草，也稱為鰻

草。在寒冷的水域也能生存，因
而成為北半球分布最廣的海生開
花植物，遍及歐洲、北美和北極
地區，是冰島唯一的海草。

5: 雪花
學名：*Hottonia inflata*
高度：30-60公分
淡水水生植物，生長在美國部分
地區的沼澤和渠道，特別喜歡
河狸挖掘、築壩、水位穩定的池
塘。下根埋在池底的泥巴裡，羽
狀根自由漂浮在水中。

王蓮

王蓮是個龐然大物，大葉子寬度超過2.5公尺。最先發現這種植物的歐洲人深深為之著迷。一八三七年，羅伯特‧尚伯克在南美發現了王蓮，將它描述為「植物奇蹟」。尚伯克決心把樣本帶回倫敦給皇家地理學會欣賞，但葉子比他的小艇還要大。他不屈不撓地裝了一桶鹹水，把一個芽和一小片葉子放進桶裡，帶回返程的船隻。尚伯克決定以當時公主的名字「維多利亞」替這種植物命名，不過他到家時，維多利亞已經成為女王了。

英格蘭和南美的氣候很不一樣。英格蘭植物學家和園藝家想盡辦法要讓王蓮種子發芽生長，卻不成功。其中有兩人競爭特別激烈：約瑟夫‧帕克斯頓和威廉‧胡克。帕克斯頓是首席園藝家，任職於德比郡德文郡公爵的查茨沃斯莊園，胡克則是當時的皇家植物園主任。最早讓種子發芽的是胡克，但帕克斯頓知道，想要讓王蓮開花，他得創造出類似亞馬遜叢林的環境才行，於是他建了一座溫室，贏得比賽。他在一八四六年得意洋洋地寫道：「公爵大人，維多利亞開花了！……壯觀的模樣無法言喻。」帕克斯頓之後成為英國（甚至全球）首屈一指的玻璃溫室建築設計師。植物葉脈支撐葉片的方式令他驚豔，於是他用玻璃和鐵模仿，最著名的是一八五一年倫敦世界博覽會的水晶宮。

巨大王蓮的葉子先是從水裡探出尖尖的頭，接著很快在池塘裡擴展，一天最多可以長半公尺。紅色的葉背上，葉脈縱橫交錯，形成驚奇的網絡，上面蓋滿尖刺，保護蓮葉不被魚和亞馬遜海牛吃掉。而葉脈空隙間的空氣讓葉片可以漂浮。碩大的白花帶著鳳梨味，在夜晚綻放，散發熱能，吸引甲蟲幫忙授粉，之後變成淡粉紅色，重新合上，結束一天。

圖片解說

1: 王蓮
學名：*Victoria amazonica*
寬度：可達2.5公尺
葉

王蓮的葉片浮力很強，可以承載四十五公斤重的小孩，帕克斯頓讓他的小女兒躺在蓮葉上的錫盤裡，證實了這個說法。

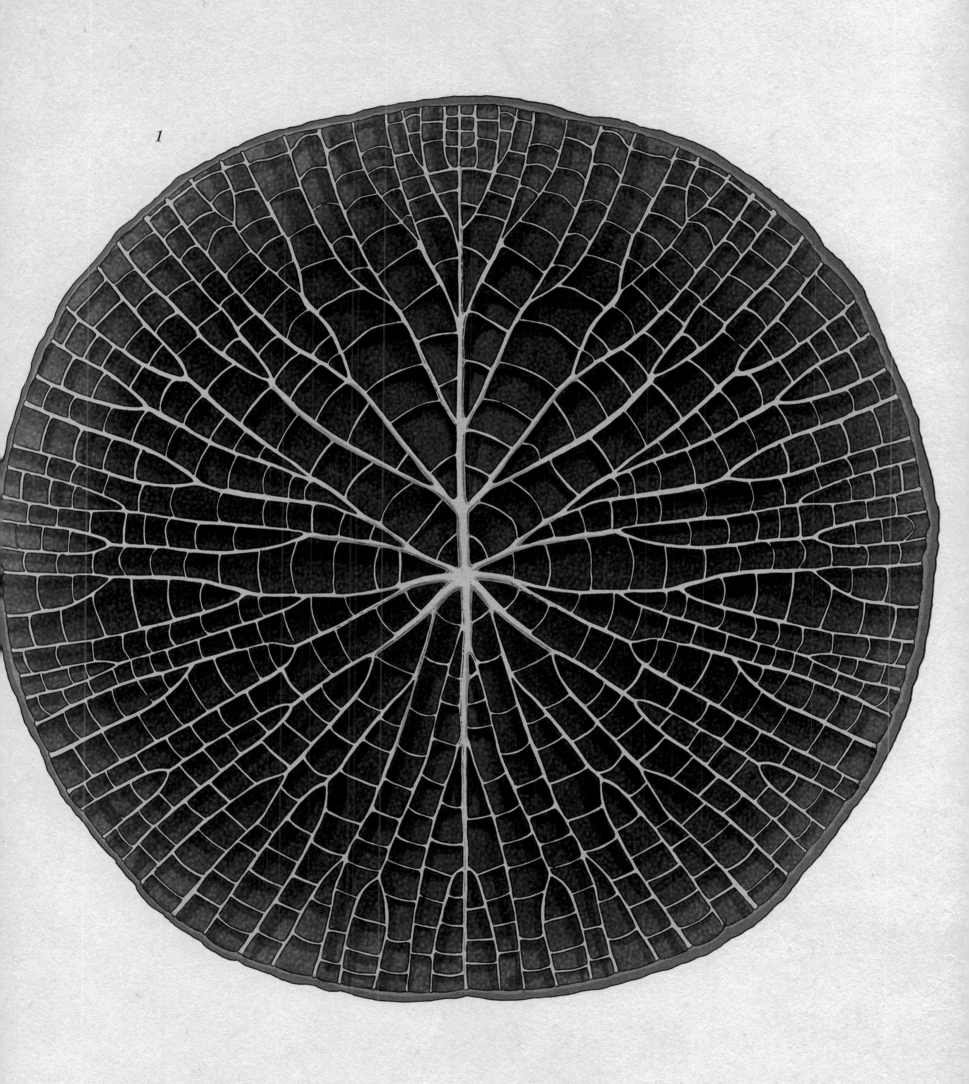

1

寄生植物

植物需要食物、水和養分。大部分植物從陽光、雨和泥土中取得這些元素，寄生植物則仰賴其他植物，有些完全依賴，有些部分依賴，還是自己生產食物。

寄生植物用吸器（一種特化根）從不甘願的寄主那裡取得資源。吸器會產生一種特別的膠質，固定在寄主植物的根或枝條上，然後穿透寄主植物的外壁，連接寄主的維管束系統。就位之後，吸器就發揮管線的功能，吸收寄主的水分和養分。

附著的過程從種子發芽時就開始了。寄生植物會產生許多小粒種子，通常跟著鳥類排泄物一起散布到土壤裡，或直接掉到寄主的莖上。種子接收到化學信號，知道自己恰好在合適的寄主附近，便開始發芽，吸器像根一樣生長，接上寄主的維管束，獲取生長所需的關鍵成分，成熟的寄生植物會持續生長，長出葉子和花。

有些寄生植物很奇怪，不是綠色的。這是因為寄主替這些植物進行光合作用，派不上用場的葉綠素（也就是光合作用需要的色素）因此消失。

圖 片 解 說

1: 大王花
學名：*Rafflesia arnoldii*
直徑：可達1公尺
花
這種花因兩個特色出名。首先，這是世界上最大的單一花朵。此外，這種花很臭，聞起來像腐肉。常出現在印尼婆羅洲和蘇門達臘雨林樹木的樹皮上，或葡萄科植物的藤蔓上。這種植物大部分的時候都藏在寄主植物體內（稱為內寄生），開花後才從樹皮冒出。

2: 槲寄生
學名：*Viscum album*
高度：可達1公尺
葉和長了果實的莖
槲寄生除了是聖誕節的熱門裝飾，也是一種寄生植物，長在寄主植物表面（外寄生）。槲寄生長在熱帶到溫帶地區的樹木與灌木上，靠寄主取得水分和礦物質養分，但會自己進行光合作用，生產自身所需的碳水化合物，因此保有綠色的莖和葉。槲寄生有時會過於茂盛，對寄主造成嚴重的威脅。

3: 獨腳金
學名：*Striga asiatica*
高度：15-30公分
花、葉和莖
這種寄生雜草對非洲、印度與美國許多半乾燥地區的農田造成極大的危害，威脅玉米、稻米、甘蔗等重要作物（見64-67頁）。種子落入土裡，得到寄主植物的化學信號之後，便長出吸器，獲取水和養分。寄生植物的小苗接著從土裡鑽出來，長出花和葉，看起來愉快地長在寄主植物旁邊，其實卻在地下吸取寄主賴以維生的養分。

4: 歐洲莬絲子
學名：*Cuscuta europaea*
頭狀花直徑：6毫米
莖、花與花苞
歐洲莬絲子見於北半球各地，是令人頭痛的雜草，對作物造成嚴重威脅。莖會纏繞在寄主植物的枝葉上，悶死寄主。莬絲子靠寄主進行光合作用，所以葉片很少，幾乎不含葉綠素，莖部因此不是綠色，而是鮮艷的橙色。

食肉植物

這些驚人的植物會捉活生生的獵物來吃，主要是昆蟲，不過有時也吃蜘蛛、小螃蟹、蟎和小型單細胞生物（原生動物）。這種植物好食肉類是因為需要氮，所有植物都需要這種元素，有了它才能製造葉綠素（用來進行光合作用的綠色色素）和蛋白質。食肉植物通常生長在沼澤或其他含氮量稀少的酸性環境，所以得從其他地方取得氮。食肉植物會產生特別的化學物質，消化獵物，讓獵物體內的氮釋放出來。不過首先得想辦法抓到獵物，食肉植物捕捉獵物的方法主要分成兩種：主動和被動陷阱。

被動陷阱不需要植物自主動作。獵物被花蜜的香氣吸引，接著就發現自己被困住了。困住獵物的方法有以下幾種，一種利用葉表絨毛產生的膠狀物質黏住訪客的腳和身體，然後用葉上其他毛分泌的化學物質進行消化。另一種則用陷阱困住獵物。這些植物會長出形狀像小鍋子的特化葉片，裡頭滿是消化用化學物質。傾斜的上半部有蠟，讓獵物滑倒，掉進陷阱裡。向下生長的毛或滑溜的鱗會阻止昆蟲爬出來。

主動陷阱則靠動作觸發，主要分成兩大類。第一類是稍稍摺起的葉子，像翻開的書。每片葉子上有多達六根敏感的感應毛，如果昆蟲觸動超過兩根感應毛，葉片就會猛然關上，困住獵物，通常花三到五天消化。另一種主動陷阱用的是吸力，適合生長在池塘和湖泊的食肉植物。這類植物的特化葉呈囊狀，把空氣困在水面下。側邊有類似活門的構造，靠感應毛觸發。經過的獵物觸動感應毛時，活門就會彈開，把水和獵物吸進囊裡。

--------------------- **圖 片 解 說** ---------------------

1: 巨根狸藻
學名：*Utricularia vulgaris ssp. macrorhiza*
長度：可達2公尺
a) 花、b) 莖和囊形陷阱
這種植物長在池塘，會抓水生動物，例如水蚤。每個植株都有數千個陷阱，卻沒有根。陷阱通常只有三毫米長，但有些長1.2公分，可以捕捉蝌蚪。

2: 圓葉毛氈苔
學名：*Drosera rotundifolia*
高度：20公分
葉
沼澤乾涸讓這種植物變得非常罕見。蠅類被困在葉片上之後，紅色長柄的腺毛會把牠們推進中央，用液體淹死，蠅類會化成營養的汁液，由葉片吸收。毛氈苔共有二百種，大多生長在西澳。

3: 露葉毛氈苔
學名：*Drosophyllum lusitanicum*
高度：40公分
葉
這種稀有的灌木生長在靠近地中海西部的栓皮櫟林地。

4: 馬來王豬籠草
學名：*Nepenthes rajah*
高度：可達3公尺
瓶子與葉
馬來王豬籠草有全世界最大的籠子（和橄欖球一樣大），據說能捕老鼠。這種草只生長在婆羅洲最高的京那巴魯山和附近的另一座山。

5: 加州瓶子草（眼鏡蛇瓶子草）
學名：*Darlingtonia californica*
高度：40-85公分
加州瓶子草生長在美國加州內華達山脈。停在紅色舌狀構造上的蠅類會沿著一條蜜距來到拱狀「頭」下的一個洞。這個頭會透光，蠅類飛向光的時候，就會被困住。

6: 捕蠅草
學名：*Dionaea muscipula*
葉直徑：20公分
捕蠅草只有一種。野生捕蠅草只生長在美國威明頓附近的沼澤。捕蠅草捕捉的通常是蠅類，不過有時也會抓小型蛙類。

7: 捕蟲堇
學名：*Pinguicula vulgaris*
高度：15公分
捕蟲堇的葉子會吸引、捕捉、消化蟻和蚊子。歐洲、北美、亞洲大約有八十種捕蟲堇，不過大部分長在墨西哥。如果加進牛奶，葉子會把牛奶分離成凝乳（做奶油的成分）和乳清。

環境:
紅樹林

紅樹林裡的樹木和灌木大多生長在熱帶、亞熱帶高低潮線之間的鹹水中。主要出現在赤道兩側二十五度左右,平坦、肥沃的熱帶陸地與海洋交界處,包含中美與南美、加勒比海地區、非洲東西岸、東南亞和澳洲北岸。紅樹林沼澤溼熱,不適合生物生長,時常和鱷魚、蚊子共用地盤。

紅樹類為了適應嚴苛環境,樹根大多不能滲透,防止沼澤高鹽分土壤中的鹹水進入。有些根(例如美國紅樹)充滿了木栓質,過濾鹽分的效果絕佳。

此外,植物的地下組織需要氧氣才能呼吸,獲得能量,但紅樹林沼澤地含氧量低,所以紅樹類的根系必須從空氣中吸收氧氣。有些沼澤植物(例如美國紅樹)有支柱根,可以從樹皮上的孔(皮孔)直接吸收。有些則有特化的呼吸根,例如海茄苳,直直伸進空中吸收,就像水肺潛水者的呼吸管。

紅樹類最了不起的特色或許是它的繁衍方式。大部分水生植物讓種子漂在水上,找到陸地後再發芽。紅樹林沼澤的環境太嚴苛,無法這樣傳播種子,所以受精的種子會附著在母株上發芽,可能在果實裡發芽,也可能從果實側邊鑽出發芽。這株小苗稱為繁殖體,之後會脫離母樹,落到水裡,在適宜時生根,最長可以在水中活一年。

紅樹林根系能夠在水中吸收、排放能量,所以成熟的紅樹林根系緻密而廣布,可以避免暴風雨和大潮侵襲,造成危害。紅樹林根系也為牡蠣、蟹和其他物種提供重要的棲地。很可惜,紅樹林也很適合作為養蝦場,一九八〇到二〇一〇年之間,全球有高達百分之二十的紅樹林(有些地區高達百分之三十五)淪為農業用地。

--- 圖 片 解 說 ---

1: 海茄苳
學名:*Avicennia germinans*
高度:3公尺

2: 層孔銀葉樹
學名:*Heritiera fomes*
高度:25公尺

3: 水椰(亞答木)
學名:*Nypa fruticans*
高度:9公尺

4: 五梨跤(紅海欖)
學名:*Rhizophora mucronata*
高度:35公尺

5: 美國紅樹
學名:*Rhizophora mangle*
高度:20公尺

圖書室

索引
延伸閱讀
策展人簡介

索引

1-6劃

一粒小麥 Triticum monococcum 66
乙女心 Sedum pachyphyllum 80
二粒小麥 Triticum dicoccon 67
三角霸王鞭 Euphorbia trigona 80
大王花 Rafflesia arnoldii 86
大花香莢蘭 Vanilla pompona 72
大芻草 Zea mays ssp. parviglumis 66, 67
大戟屬 Euphorbia 80
大萍(水芙蓉) Pistia stratiotes 83
大葉槭 Acer macrophyllum 28
大葉藻 Zostera marina 83
大蒜 Allium sativum 54
大慧星風蘭 Angraecum sesquipedale 74
大槭樹 Acer pseudoplatanus 28
大薯(紫薯) Dioscorea alata 56
小麥 Triticum aestivum 67
山羊七 Aquilegia canadensis 50
山羊草 Aegilops tauschii 67
五梨跤(紅海欖) Rhizophora mucronata 90
內寄生 endoparasite 86
內稃 palea 67
天藍麥氏草 Molinia caerulea 64
巴卡巴酒實棕 Oenocarpus distichus 42
巴西栗 Brazil nut tree 36
巴西橡膠樹 Hevea brasiliensis 30
日之出丸 Ferocactus latispinus 80
日本扁柏 Chamaecyparis obtusa 22
日本槭 Acer palmatum 28
木栓質 suberin 90
木賊 Equisetum hyemale 14
毛地錢 Lunularia cruciata 11
水生植物 aquatic plants 82-83, 90
水椰(亞答木) Nypa fruticans 90
水稻 Oryza sativa 66-67
火炬松(德達松) Pinus taeda 22
王蓮 Victoria amazonica 84
世界爺 Sequoiadendron giganteum 24-25
仙人掌 cacti 3, 80
加州瓶子草 Darlingtonia californica 88
古蕨 archaeopteris tree 18
可可樹 Theobroma cacao 32
四齒苔 Tetraphis pellucida 11
外寄生 epiparasite 86
外稃 lemma 67
巨根狸藻 Utricularia vulgaris ssp. macrorhiza 88
玉米 Zea mays 66, 67
甘蔗 Saccharum officinarum 64
白帝 Haworthia attenuata 80
白桑 Morus alba 28
石松 club moose 2, 14-15, 18, 82
石松 Lycopodium clavatum 14

石炭紀森林 Carboniferous forests 14, 16, 18
石黃衣 Xanthoria parietina 12
石頭玉 Lithops hookeri 80
石鷺鹽婆婆納 Veronica chamaedrys 50
禾本科植物 grasses 49, 60, 64-67
伏地水楊梅 Geum reptans 60
光合作用 photosynthesis 8, 12, 18, 25, 28, 30, 36, 80, 86, 88
印度荇菜 Nymphoides indica 83
合子 zygote 10
吉波亞樹 Pseudosprochnus 18
吊鐘花 Fuchsia triphylla 32
向日葵 Helianthus annuus 52
地下莖 rhizomes 50, 52, 54, 56, 64, 83
地衣 lichens 12
地錢 Marchantia polymorpha 11
多肉植物 succulent 80
多疣水龍骨 Polypodium verrucosum 16
尖葉走燈苔 Plagiomnium cuspidatum 11
尖蕉 Musa acuminata 32
百香果 Passiflora edulis 58
竹笙 Phallus indusiatus 12
西非荔枝果(阿開木) Blighia sapida 30
西洋蒲公英 Taraxacum officinale 50

7-9劃

作物 crops 56, 58, 64, 66-67
卵葉鹽藻 Halophila ovalis 83
吸血鬼小龍蘭 Dracula vampira 72
吸器 haustorium 86
角蘇鐵 Cycas angulata 40
角蘚 hornworts 3, 5, 10-11, 82
貝葉棕 talipot palm 42
防風草 parsnip 56
亞熱帶地區 subtropical regions 8, 16, 40, 42, 64, 83, 90
刺梨 Opuntia engelmannii 80
刺葉大鳳尾蕉 Encephalartos ferox 40
呼吸根 pneumatophore 90
咖啡 coffee 3, 32
奇優果 Oxalis tuberosa 56
孟加拉榕 Ficus benghalensis 30
孢子 spores 5, 8-18
松 pine 22
果樹 fruit trees 32
油棕(油椰子) Elaeis guineensis 44-45
泥炭苔 Sphagnum palustre 11
狗牙根 Cynodon dactylon 64
直立珠苔 Bartramia ithyphylla 11
矽藻 Amphitetras antediluviana 8
花生 Arachis hypogaea 56, 58
花粉 pollen 22, 26, 40, 48, 58, 68, 72
金針菇 Flammulina velutipes 12

金魚草 Antirrhinum majus 49
金錢松 Pseudolarix amabilis 22
長花櫻草 Primula halleri 60
阿拉比卡咖啡 Coffea arabica 32
附生植物 epiphyte 16, 36, 72, 74, 76
雨林 rainforests 22, 30, 36, 42, 44-45, 72, 76, 86
南方花萼蘚 Asterella australis 11
南瓜 Cucurbita pepo 58
南瓜 pumpkins 2, 58
南非大鳳尾蕉 Encephalartos altensteinii 40
南極髮草 Deschampsia antarctica 64
垂枝樺 Betula pendula 28
帝王花 Protea cynaroides 34
扁枝松葉蕨 Psilotum complanatum 14
扁葉香莢蘭 Vanilla planifolia 72
毒蠅傘 Amanita muscaria 12
洋玉蘭 Magnolia grandiflora 34
洋蔥 Allium cepa 54
活化石 living fossils 14, 24, 26
流蘇瓢脣蘭 Catasetum fimbriatum 72
珍珠粟 Pennisetum glaucum 67
秋牡丹 Anemone hupehensis 50
科達木 Cordaites tree 18
紅毛菜屬 Bangia sp. 8
紅蓋小皮傘菇 Marasmius haematocephalus 12
紅鳳梨 Ananas bracteatus 76
紅樹林 mangrove forests 90
紅藻 Bangiomorpha pubescens 8
美國紅樹 Rhizophora mangle 90
胎生 vivipary 60
胚珠 ovules 26, 40, 48
胡蘿蔔 Daucus carota 56
苔 mosses 3, 5, 10-11, 82
苔蘚植物 bryophytes 3, 5, 10-11, 14
苔蘚植物 bryophyte 5, 10-11
英冠玉 Parodia magnifica 80
英國榆 Ulmus procera 28
英國櫟 Quercus robur 28
食肉植物 carnivorous plant 88
香蒲 cattails 68, 82

10-11劃

剛毛藻屬 Cladophora sp. 8
射干菖蒲 Crocosmia x crocosmiiflora 50
扇羽陰地蕨 Botrychium lunaria 60
扇形楔形藻 Licmophora flabellata 8
挪威虎耳草 Saxifraga oppositifolia 60
捕蟲堇 Pinguicula vulgaris 88
捕蠅草 Dionaea muscipula 88
根菜類 root vegetables 56
格蘭馬草 Chondrosum gracile 64

桃樹 *Prunus persica* 32
海氏舟形藻 *Lyrella hennedyi var. neapolitana* 8
海茄苳 *Avicennia germinans* 90
海椰子 *Lodoicea maldivica* 42
烏毛蕨 *Blechnum spicant* 16
琉球蘇鐵 *Cycas revoluta* 40
真菌 *fungi* 12, 36
真雙子葉植物 *eudicot* 2, 5
砲彈樹 *Couroupita guianensis* 30
粉黛亂子草 *Muhlenbergia capillaris* 64
紋葉麗穗鳳梨 *Vriesea hieroglyphica* 76
紙莎草 *Cyperus papyrus* 68
草本植物 *herbaceous plants* 16, 18, 48-61, 64, 72
酒瓶椰子 *Hyophorbe lagenicaulis* 42
針葉樹 *conifers* 22-25, 28, 40
馬來王豬籠草 *Nepenthes rajah* 88
馬達加斯加長喙天蛾 *Xanthopan morganii ssp. praedicta*
馬鈴薯 *potato* 3, 56
馬鈴薯 *Solanum tuberosum* 56
高山早熟禾 *Poa alpina* 60
高山雪鈴花 *Soldanella alpina* 60
高山植物 *alpine plants* 60
匐枝毛茛 *Ranunculus repens* 49
問荊 *Equisetum arvense* 14
啤酒花(蛇麻) *Humulus lupulus* 58
寄生植物 *parasitic plants* 86
毬果 *cone* 5, 14, 18, 22, 24-25, 40
甜菜 *Beta vulgaris* 56
細毛無根藤 *Cassytha ciliolata* 58
細葉複葉耳蕨 *Arachniodes aristata* 16
荸薺 *Eleocharis dulcis* 68
被子植物 *angiosperm* 2, 5, 28
野生稻 *Oryza rufipogon* 66
野花 *wild flowers* 50
雪花 *Hottonia inflata* 83
雪花蓮 *snowdrop* 54
雪蓮 *Echeveria laui* 80
鹿角蕨 *Platycerium superbum* 16
麻竹 *Dendrocalamus latiflorus* 64

12-15劃

傘藻屬蝶狀藻 *Acetabularia acetabulum* 8
喇叭粉石蕊 *Cladonia chlorophaea* 12
單子葉植物 *monocots* 2, 5
單角盤星藻 *Pediastrum simplex* 8
普通星紋藻 *Asterolampra vulgaris* 8
智利南洋杉 *Araucaria araucana* 22
朝鮮冷杉 *Abies koreana* 22
棕櫚 *palms* 2, 42-25
猩紅櫟 *Quercus coccinea* 28
番紅花 *Crocus sativus* 54
短莖薩巴爾櫚 *Sabal minor* 42

紫羊茅 *Festuca rubra* 64
紫斑嘉德麗亞蘭 *Cattleya aclandiae* 72
絲瓜 *Luffa aegyptiaca* 58
菊科 *Asteraceae* 80
菊類植物 *asterids* 3
華蕉 *Cavendish* 32
華麗星紋藻 *Asterolampra decora* 8
菲利克斯皮氏鳳梨 *Pitcairnia feliciana* 76
隆紋黑蛋巢菌 *Cyathus striatus* 12
雲芝 *Trametes versicolor* 12
雲霧羅漢松 *Podocarpus nubigenus* 22
黃角蘚 *Phaeoceros laevis* 11
黃柄蠟傘 *Hygrocybe lanecovensis* 12
黃壺苔 *Splachnum luteum* 11
黑皮波羅門參 *Scorzonera hispanica* 56
黑芯金光菊 *Rudbeckia hirta* 50
黑麥草 *Lolium perenne* 49
圓頂絨帽蘭 *Trichosalpinx rotundata* 72
圓微星鼓藻 *Micrasterias rotata* 8
圓葉毛氈苔 *Drosera rotundifolia* 88
圓葉風鈴草 *Campanula rotundifolia* 50
塊莖 *tuber* 56
暗淡尾萼蘭 *Masdevallia stumpflei* 72
椰子 *Cocos nucifera* 42
極地地區 *polar regions* 28, 64
溫帶地區 *temperate regions* 28, 34, 40, 54, 86
矮龍膽 *Gentiana acaulis* 60
聖誕玫瑰 *Helleborus sp. hybrid* 52
腰果樹 *Anacardium occidentale* 32
萬年苔 *Climacium dendroides* 11
落羽松 *Taxodium distichum* 22
葡萄科 *Vitaceae* 86
葫蘆科 *Cucurbitaceae* 58
虞美人 *Papaver rhoeas* 50
蜂蘭 *Ophrys apifera* 72
飼料甜菜 *mangelwurzels* 56
榴槤 *Durio zibethinus* 32
綠之鈴 *Senecio rowleyanus* 80
綠松石普亞鳳梨 *Puya berteroniana* 76
維管束植物 *Vascular plants* 2, 14
裸子植物 *gymnosperms* 3, 5, 26, 40
銀冷杉 *Abies alba* 22
銀杏 *Ginkgo biloba* 3, 26, 40
銀蕨 *Cyathea dealbata* 16
鳳梨 *Ananas comosus* 76
鳳梨 *bromeliads* 76
寬葉香蒲 *Typha latifolia* 68
層孔銀葉樹 *Heritiera fomes* 90
德國鳶尾花「古老黑魔法」*Iris x germanica hybrid* 52
槭 *maples* 3, 28
槲寄生 *Viscum album* 86
歐洲水青岡(歐洲山毛櫸) *Fagus sylvatica* 28
歐洲赤松 *Pinus sylvestris* 22

歐洲栗 *Castanea sativa* 28
歐洲莬絲子 *Cuscuta europaea* 86
熱帶地區 *tropical regions* 5, 8, 14, 16, 18, 30, 32, 40, 42, 45, 56, 64, 76, 86, 90
豌豆 *Pisum sativum* 58
輝木 *Psaronius* 18
黎巴嫩雪松(香柏) *Cedrus libani* 22

16-29劃

燈心草 *Juncus squarrosus* 68
燈心草 *rushes* 68, 82
燕麥 *Avena sativa* 67
獨腳金 *Striga asiatica* 86
蕨類 *ferns* 2, 5, 16, 18, 36, 82
蕪菁 *Brassica rapa* 56
諾氏髓木 *Medullosa noei* 18
優雅波邊革菌 *Cymatoderma elegans* 12
總督鬱金香 *Viceroy tulip* 53
繁殖體 *propagule* 90
薑 *Zingiber officinale* 56
薔薇類植物 *rosids* 3
薯蕷 *Yam* 2, 56
藍鈴花 *bluebell* 54
雙角縫舟藻 *Rhaphoneis amphiceros* 8
攀緣植物 *creeper* 58
櫟樹 *oaks* 2, 5, 28
羅氏兜蘭(拖鞋蘭王) *Paphiopedilum rothschildianum* 72
羅非亞椰子 *raffia palm* 42
藤蔓 *vines* 58
罌粟 *Papaver somniferum* 52
藻類 *algae* 2-3, 5, 8, 12, 76, 82
蘇郎辛夷(二喬木蘭) *Magnolia x soulangeana* 34
蘇鐵 *cycads* 3, 18, 40, 42
蘚 *liverworts* 3, 5, 10-11, 82
蘭花 *orchids* 72-75
蘭花科 *Orchidaceae* 72
鐵線蕨 *Adiantum capillus-veneris* 16
露葉毛氈苔 *Drosophyllum lusitanicum* 88
蘿蔔 *Raphanus sativus* 56
鱗木 *Lepidodendron tree* 14, 18
鱗莖 *Bulb* 50, 54
鱗葉卷柏 *Selaginella lepidophylla* 14
觀賞灌木 *ornamental shrubs* 34
鬱金香 *Tulipa* 54

策展人簡介

凱蒂·史考特是暢銷書《動物博物館》的繪者，該書獲選二〇一四年《週日時報》年度童書。她曾在布萊頓大學學習插畫，受恩斯特·海克爾精緻的畫風啟發。

凱西·威利斯過去二十五年都在劍橋與牛津大學研究、教書。目前同時擔任英國皇家植物園：裘園的科學主任，以及牛津大學的生物多樣性教授。她和三個孩子、兩隻兔子、一隻壁虎、一隻狗與長年默默忍耐的丈夫住在牛津。

延伸閱讀

ARKive
www.arkive.org
這是英國保育機構「Wildscreen」建立的地球生物簡明百科。

**Botanical Society of
Britain and Ireland**
www.bsbi.org.uk
推廣野生植物的研究與欣賞，並協助保育英格蘭與愛爾蘭的野生植物。

British Bryological Society
www.bbc.co.uk/nature/life
提供英國苔蘚研究資訊與資源。

British Mycological Society
www.britmycolsoc.org.uk
這個網站帶你進入真菌學研究、討論與教育的世界。

Grow Wild
www.growwilduk.com
一起來參與英國史上最大的野花運動。這個活動帶領群眾用對授粉者友善的原生野花和植物讓當地景觀煥然一新。

The Linnean Society
www.linnean.org
這是全球現存最古老的生物學會。網站上有研究參考資料與教育資源，帶你認識卡爾·林奈與分類學。

Plantlife
www.theplantlist.org
這個組織為英國的野花、植物與真菌發聲，歡迎你一起參與各種活動與計畫。

Royal Botanic Gardens, Kew
www.kew.org
www.kew.org/science-conservation
了解皇家植物園科學家在世界各地的工作，內含四百種物種的詳細介紹。二百五十年來，皇家植物園的科學研究和保育工作發現了世界各地形形色色的植物和真菌，幫助人類認識它們，也保護這些植物，推廣永續利用。

Royal Horticultural Society
www.rhs.org.uk
全球最傑出的園藝慈善機構，提供園藝資訊與活動。

The Woodland Trust
www.woodlandtrust.org.uk
探索英國的森林。

Data Resources
www.kew.org/kew-science/
peopleand-data/resources-and-
databases
這個網站有英國皇家植物園內一些主要生物、真菌的相關線上資源、資料庫與收藏。